ORIGINAL POINT PSYCHOLOGY | 沉心理

轻盈

LIGHTER

学会放手，点亮人生

LET GO OF THE PAST CONNECT
WITH THE PRESENT
EXPAND THE FUTURE

[美] 容·普韦布洛（Yung Pueblo）/ 著　张巨/ 译

生活·讀書·新知 三联书店　生活書店出版有限公司

图书在版编目（CIP）数据

轻盈：学会放手，点亮人生 /（美）容・普韦布洛著；张巨译．-- 北京：生活书店出版有限公司，2024.6

ISBN 978-7-80768-461-9

Ⅰ．①轻… Ⅱ．①容… ②张… Ⅲ．①人生哲学—通俗读物 Ⅳ．① B821-49

中国国家版本馆 CIP 数据核字 (2024) 第 072311 号

选题策划　颉腾文化
责任编辑　张　超
特约编辑　王　慧
装帧设计　王建敏
责任印制　孙　明
出版发行　生活書店出版有限公司
　　　　　（北京市东城区美术馆东街22号）
邮　　编　100010
经　　销　新华书店
印　　刷　文畅阁印刷有限公司
版　　次　2024年6月北京第1版
　　　　　2024年6月北京第1次印刷
开　　本　880毫米 × 1230毫米　1/32　印张7.75
字　　数　145千字
印　　数　0,001–3,600册
定　　价　69.00元
（印装查询：010 – 64052612；邮购查询：010 – 84010542）

推荐序

本书作者迭戈·佩雷斯（Diego Perez）选择以容·普韦布洛（Young Pueblo）为名写作自己以及自己的书。

"Yung Pueblo"是年轻人的意思。在这个急速狂奔的时代，在全球范围内，年轻人的身心状态值得每一个人关注。

这不仅是一本书，它还向我们展示了一个人的一段生命之旅，在艰辛的环境里成长，被匮乏感压得喘不过气来，又因染上不良嗜好触及人生最低谷。内观修行成了这个生命触底的年轻人的救赎。

我曾经与很多有着严重创伤和成瘾行为的人一起工作，在这份工作中，常听到的一句话就是"生命触底了"，然后变化成为唯一的可能。是谓否极泰来。如果深度的匮乏感、不安全感和创伤是一团黑暗的话，那么在这团黑暗中因着某种机缘，遇见一个人，读到一本书，或听见某句震撼到你的话语，都有可能打开疗愈之门，让疗愈之光照进来。

对普韦布洛来说，内观修行是照进黑暗的那束疗愈之光。

这份救赎来得并不容易。是日复一日、年复一年地训练心智，不念过往，不惧未来，是安于当下，是与更加本能的、习惯的强大的力面对面，承认自己的经历，包括生命之痛。当我们能够自爱，对自己全然诚实、好奇地看待自己的时候才能更深地了解自己。是尝试和寻找到对你具有挑战性，但不会让你感觉淹没的方式去深深地内观，看见身之苦，看见心之苦，看见自身之苦，看见众生之苦。在这份看见中承托住自己，并与其他的生命在最根本的真相中保持联结。这份真相就是：人生有苦，也有解脱之道。

对普韦布洛来说，内观修行可以通往解脱，可以带来疗愈和转化，培养新的健康习惯，建立生命的新秩序。

作者以简洁、平易的方式，向我们讲述了他自身从内观冥想获得疗愈和领悟的故事，不仅充满诗意和智慧，而且真实、可以效仿，在充斥着自助文学的出版物中，脱颖而出。

愿所有的年轻人，在最美好的年龄里，经由深深地内观，直面内心的恐惧，拥抱脆弱，拥抱人性的光辉，踏上通往更轻盈、更自由存在的旅程。

童慧琦

斯坦福医学院整合医学中心正念项目主任

喜马拉雅大师课《童慧琦正念冥想》主理

行业赞誉

Praise

容·普韦布洛就像指路明灯。在他的新书中，他完美地阐述了找到内在和谐是创造一个建立在同情、透明和理解基础上的进步社会的关键。这是一本值得每个人反复阅读的书。

——维克斯·金，《星期日泰晤士报》畅销书排名第一的《治愈是新高潮》（*Healing Is the New High*）作者

容·普韦布洛教授向我们展示了如何以同情为动力来治愈。这是一本充满同理心和智慧的书，它将引导你踏上更深入地了解自我的旅程，帮助你在内心和外在世界做出有影响力的改变。容·普韦布洛开设了一门核心课程，教人们如何在经历痛苦的情况下自我治愈。

——内德拉·格洛弗·托瓦布，《纽约时报》畅销书《设定界限，寻找平和》（*Set Boundaries, Find Peace*）作者

一个美好的鼓励，让你呵护自己的心：学习和治愈，找到幸福，成为你关心的所有人的疗愈方案的一部分。

——杰克·康菲尔德，《踏上心灵幽径》（*A Path with Heart*）作者

在这本亲切的书中了解容·普韦布洛的过往是一件美好的事。这本书帮助我们了解他的深入修行对整整一代探索者的日常影响。他的话语留下了不可磨灭的印记——他与自我抛弃观念的斗争和他个人富有同情心的自我联结过程悄悄激励了我们数百万人。容·普韦布洛谦逊而有力的教导帮助我们在面对不断变化时优先考虑我们的情感成熟，这是在这个时代的重要理解。

——埃琳娜·布劳尔，畅销书《练习你，做你自己》（*Practice You, Being You*）和《注意力的艺术》（*Art of Attention*）作者

容·普韦布洛提供了对日常实践和选择的洞察，它可以消除习惯性反应的负担，展示明智反思的自由。在这本书中，我们看到了解内心可以改变一个人，也可以改变社会。

——大卫·西马斯，奥巴马基金会首席执行官

这本书讲的是一个人的故事，也是我们所有人的故事，我们都在寻求变得更轻，自由地度过我们的生活，不受过去或未来的拖累。它既是一本实用指南，也是一本励志指南。

——马克·海曼，《纽约时报》畅销书《PEGAN 饮食法》（*The Pegan Diet*）作者

一段罕见而深刻的作者治愈之旅将激励你放开过去，找到一条更轻松的前进之路。和往常一样，容·普韦布洛用雄辩的方式说出了真相。这本书是真正的瑰宝。

——谢莉安娜·艾亚娜，《成为唯一》(*Becoming the One*) 作者

在关键时刻，容·普韦布洛转向内心，通过摸索了解到他可以建立一种新的思考和生活方式。他懂得了真正地爱自己是可能的。这本书以一种能深深打动你的方式分享了他的旅程，因为他为我们每个人和世界带来了和平的希望。

——莎朗·萨尔茨伯格，《仁爱与真正的幸福》(*Lovingkindness and Real Happiness*) 作者

选择一条能照亮你的路

一条你内心认为正确的路

停止听信怀疑之声

开始勇敢地去联结

不要让往常的想法妨碍你

这或许是条艰难的路

但要完成伟大的事总需要努力

请坚定你的决心

专注于你的使命

贴近真实的自己

经历过深重苦难

却依旧对他人温和的人啊

你们得到的赞扬还是不够

不要再让艰难的事情重复发生

你们成就的是英雄般的事业

请放下痛苦

敞开心扉地生活

尽管如此

也是给世界的一份美好的礼物

自序

我的故事

当我躺在地板上，因恐惧和后悔而流泪时，我的头脑变得敏锐起来。这是我第一次认识到，我已经偏离了自己的潜能有多远——我是如何让药物阻止自己处理内心的悲伤的。

我任凭身体和心灵肆意发展，那些做法危险而无节制，直至最终把自己逼向深渊。2011 年的夏天，在又一个盲目地追求逃避和快乐的夜晚之后，我发现自己躺在地板上，觉得心脏要爆炸了。当时我 23 岁，确信自己是心脏病发作。我既害怕自己快死了，又为自己走到这一步感到羞愧。

我的脑海里闪过了青少年时，作为一名波士顿青年组织项目（BYOP）的活动家和组织者的一幕。我记得我是能帮助他人重获力量，并做出真正改变的一个人，当时那种感觉是多么好。然而，我又是怎么迷失自己的?

起初，我以为自己只是在找乐子，一切都在我的掌控之中。而我现在明白了，聚会已经成为我逃避独处的一种方式。我使用药物，甚至滥用药物，使自己变得麻木以逃避痛苦。我内心的悲伤和焦虑“尖叫”着希望引起我的注意，但我能做的只是避而不见。我想方设法将注意力从情绪上转移开，这种做法就像一堵墙，阻止了我去思考药物对我的健康和生活的长期影响。

我的思绪也持续集中在父母充满勇气的行为上，他们为了让我、我的兄弟和妹妹在美国过上更好的生活，做出了太多牺牲，付出了太多努力。在我 4 岁时，全家人从厄瓜多尔搬至美国。我们试图以移民的身份在波士顿立足，这段经历在全家人心中都留下了烙印。长远来看，移民是正确的决定，但在最初的 15 年里，我们都感受到了贫困带来的巨大压力。贫困几乎让我们崩溃了。我妈妈从事家政保洁，我爸爸在超市工作。在这种状态下，他们能收支平衡简直是个奇迹。然而，这经过了一场令人难以置信的挣扎，以至于让他们承受了巨大的压力。尽管我们只是住在一套两居室的小公寓里，过着简朴的生活，没有任何奢侈品，但我们仍然缺钱。此时，我躺在地板上，心想着：“我不想就这样死去。我不想让我父母失望。他们如此努力且无私地工作，为我付出了那么多，这对我来说是一种糟糕的死亡方式。我要活下去，要珍惜他们给我的机会。”

当我感到我的身体正在经历“休克”时，我躺在地板上，大约两个小时无法动弹。我乞求上天饶我一命，情绪也在后悔和感激之间徘徊。后悔的是，我逐渐失去了为他人服务的动力，而且没有早点弄清楚如何以健康的方式处理内心的紧张感；感激的是我父母的坚强。他们需要在那么艰难的条件下，照顾我和我的兄弟姐妹，我对他们无私和坚定的爱无比感恩。最重要的是，我感到了一股强有力的召唤，它让我坚持活下去并开始新生，这样我才对得起父母为了让我有机会过上更好的生活的所有付出。

后悔和感激的情绪循环往复，这个过程重新点燃了我体内的生命之火。几个小时后，我的心脏停止了剧烈跳动，那种濒死感也不复存在。我的身体因为求生而感到非常脆弱和疲惫，好像不能正常活动，但即使如此，我还是站了起来。我明确了一个目标。我抓起自己开的所有“止痛药”，把它们都扔掉了。就在那天，我在内心深处下定决心，不再麻痹感受，我要踏上回归美好生活的漫漫长路。我不能仅仅因为害怕直面负面情绪，就拿生命做赌注，这一切该结束了。我知道我必须戒掉所有的药物，要开始完全诚实地面对自己。

我还不明白我的内心发生了什么，为什么会养成这样的坏习惯，但我知道部分原因是我对自己的真实感受撒谎了。

我不知道自己最终会如何治愈，但我本能地知道，我的前进之路必须建立在彻底的诚实、强烈的停止用危险的麻醉品来损害健康的决心，以及专注于为我的身心建立新的更健康的习惯的基础上。

恢复健康是一段艰难而漫长的旅程，但慢慢地，变化开始出现。我知道这并不容易，我知道养成好习惯就像进入一个未知的世界，我知道走近它的唯一方法就是勇敢而坚定地迈出每一步。但我已经不再逃避了。

不可否认，在自暴自弃的这些年里，我的心情很沉重，我知道我需要找到一种具体的方法来帮助自己感到更轻松。我开始审视生活的每一个部分，并把注意力放在做那些几乎导致我早逝的事情的反面，从吃让自己身体更强壮的食物，到运动，再到真正地关注自己的思维模式，即使做这些事会令我感到不安。我开始审视自己与朋友、家人的关系，试着在曾经过于粗暴和易怒的地方表现得友善和耐心。

我在脑海中扮演着一个侦探的角色，不断地问问题，深入地调查和发现问题的根源。每当想要用麻醉药逃离的冲动占据上风时，我就会把我的意识转而向内，好好审视这种紧张感。我记得，我感受到了无尽的悲伤和恐惧，以及渴望得到爱的空虚感。后来我发现，这是一个只有我自己的爱和无条件的同情才能填补的空间。我并没有立即找到所有问题的答案，直到我开始冥想，才知道了我痛苦的真正根源。但是，正因为这种不再害怕从而深入审视内心的简单行为，释放了我心中的许多紧张感。即使在我情绪低落的时候，简单地接受我所发现的一切，也能让我产生一种新的轻松感。逃避自己所花费的精力，远比鼓起勇气接受孤独和宁静更多。

养成积极习惯的第一年，我的生活发生了巨大的改变。我并没有立刻感到情绪出现好转，而且每天的情况也不是很好。无论是刻意带着让我感到害怕的情绪坐着的活动，还是在寒冷的天气中等待公共汽车去健身房的这类寻常的事，大多数时候我都觉得自己在挣扎，保持坚定并不容易。这一切都让人觉得崭新而困难。在那段时间里，情绪常常不稳定，但我依旧坚持没有动摇。因为回到过去的样子已经不再是可选项。那些最初觉得不可能完成的任务，慢慢地变成了习惯。随着时间的推移，幸福感变得越来越常见，我的内心也变得越来越强大。无论我的情绪多么激动，快乐的点滴还是会随机出现。我坚持将审视转向自己的内心，仔细审视内心的涌动。当我的点滴变化达到质的飞跃时，我注意到自己与家人和朋友的关系也改善了。以前那种沉重、停滞的感觉开始消失。在疗愈之前，我觉得自己与内在感受之间非常陌生。但渐渐地，那种陌生感消失了，我开始体会到自在的感受。

虽然生活让人感觉焕然一新，学习也在持续，但在 2012 年，当一个朋友让我了解了内观冥想时，我有种直觉：这是我需要追求的东西，它可以让我的疗愈达到一个新的水平。内观的意思是“看到事物本来的样子”。为期 10 天的无声课程教你如何通过自我观察来净化潜意识。

当我开始练习彻底的诚实时，疗愈也就开始了；而当我开始冥想时，更深层次的疗愈也跟着打开了。随着我在冥想方面的进步，以及每年参加的几次无声课程，我开始有了更好的感觉，而且感到更加自由了。我花了一段时间才能做到在家里持续冥想，但从 2015 年开始，当我能完全做到每日冥想时，心理健康也发生了许多积极的变化。到了 2016 年，我不再喝酒，过上了一种不含任何麻醉品的生活。麻醉品只能让我思虑更多，而冥想则试图让我的思维变得更加轻松。

通过练习冥想转向内心，这种感觉就像亲密的个人版

“文艺复兴”。我学习了很多有关自己和人类的思想。闭上眼睛去感受内在的真实世界，让我“看到”了整个宇宙。我不仅对自己的情感历史有了深刻的理解，而且我也开始感受在现实世界中普遍存在的无常暗流。后来，学习上升到了一个新的层面，我的境界开始超越知识层面，进入智慧层面。这是一种超越我所读过的任何内容的学习方式，一种只能通过直接经验才能获得的领悟。我的内在生活变化对我的外在生活产生了直接影响，特别是当我开始听从直觉的指引时。在我的新观点中，世界被赋予了更高层面的定义——这种不断增强的自我存在感使我周围的一切看起来更鲜活，也更清爽。这时，自我意识开始开花结果，一种更强烈的内在清晰感，帮助我克服了独处的恐惧。我的大脑只是觉得它有了一个新的空间，当困难的情况出现时，我可以更有意识地选择做那些最真实、伤害最小的行为。

这个时期没有什么是完美的，没有伟大的成就，没有被完全治愈或通透的感觉。我一点也没有开窍，但我确实感到轻松了一些。我收获的是与自己的本性建立起一种全方位的关系，并越来越能接受这样一个事实：拒绝改变只会让生活变得更艰难。虽然我的大脑不再因紧张感而超负荷运行，我也学会了在更多时候活在当下，但是我仍然觉得自己不够完美。我的疗愈之路和自由成长的旅程还在继续。直到今天，我都觉得自己如同学生一样，幸运地学习智慧，当任何人由内而外地观察现实时，他们都可以获得这种智慧。

疗愈不是为了让生活充满快乐

或是再也不会出现艰难的时刻

而是为了拥抱真实生活和直面自我的感受

这样负面情绪就不会以不健康的方式积累

与低落的时刻同在

总比无论你走到哪里

都带着未经处理的痛苦要好

作者的笔名与本书内容缘起

当我开始冥想时，有两件事变得非常清晰，第一是深度疗愈是可能的，第二是人类作为一个整体还不成熟。当我为悲伤和焦虑所困扰时，我无法想象如此沉重的情感，在未来某一天，会以一种健康的方式变得轻松且可控。在我朝着更健康的方向有所建树的第一年，和后来开始的冥想之旅中，我惊讶地发现真的感觉好多了。这种新出现的幸福感，既不是去压抑自己的情绪，也不是某种错觉；相反，它以一种具体而可见的方式存在，我精神上不快的根源确实得到了缓解。一种实质意义上的转变发生了。由于每个人的情感史都是独有的，因此每个人的疗愈方式不同。但我现在认为，疗愈是人人可以使用的，对于任何在寻求疗愈的人来说，它都是有效的。疗愈你自己是可能的，通过放下过去和联结当下，这样就可以拓展你的未来了。当你找到好的方式，去联结随着时间的推移养成的思维习惯时，疗愈的进展就会加快。

当我继续通过冥想学习时，另一个反复呈现的观点是：人类尚未成熟。我们从小被教导并开始实践的基础的事情，如保持个人清洁、讲真话、公平待人、懂得分享、友善待人、不伤害他人，尚未成功地应用于社会层面。但这些原则确实为我们指明了一条支持所有人的健康与和谐的道路。特别是在21世纪，感觉就像我们正处于人类历史上的一个特殊时刻，准备好面对巨大的挑战，并接受彼此直接或间接造成的许多伤害。这一刻是一个让我们深入成熟的良机，这样我们就可以建立一个不再伤人的世界，一个富有同情心的世界。

这两种思想在容·普韦布洛这个名字中汇合，其字面意思是“年轻人”。这个笔名反映了一种社会评论，指出人类即将成长和成熟。这个名字标志着一个时代，在这个时代里，我们将共同从受短视与自私所驱使的状态，过渡到对彼此关联的高度欣赏，那时人们将习惯于通过新的、体贴的温柔来对待彼此。人类思维方式和行为方式的演变，是由许多因素推动的。但有一个非常突出的主要因素，即个体的疗愈。因为我们生活在一个和平的世界，并不需要所有人都被完全治愈，但随着越来越多的人在疗愈方面取得进展，这将产生可以改变人类历史轨迹的浪潮。随着越来越多的人的自我疗愈，我们的行动将变得更加理智，我们的决定将变得更加富有同情心，我们的思维将变得更加清晰，世界的未来将变得更加光明。

本书旨在成为个人与全球思想转型之间的桥梁，试图表明这两者深深地交织在一起，并相互支持。希望这本书不仅能起到启发的作用，还能揭开个人疗愈及其益处的神秘面纱。虽然本书开始主要关注的是个人疗愈，但随着讲述，将延伸到人类习惯与人性层面的疗愈，以及人们的同情心从人际交往层面上升至社会结构层面会发生什么。本书旨在探索当人们深入自己内心时，所分享的共同的理解和经验，无论他们正在使用何种实践方式来引导他们的内心世界。虽然这些人的经验有巨大的范围，但是有一些共性还是可以被强调，以帮助我们更好地了解自己和世界。我希望本书传达的信息，能为共建一个没有系统性伤害的世界贡献一份力量。

冥想仍然是我日常生活中很重要的一部分，但成为容·普韦布洛去写作，也已经成为去处理我所理解的疗愈的很好的工具。当我第一次开始分享我的作品时，我希望其中一些内容能与读者产生共鸣，但我从未想到，世界上有这么多人能在我的作品中找到安慰和价值。我很重视你对我的信任。我会谨慎地保存它。

目录

CONTENTS

第一章	自爱	001
第二章	疗愈	017
第三章	放下	041
第四章	找到适合你的练习方法	069
第五章	习惯与天性	079
第六章	情绪的成熟	095
第七章	关系	115
第八章	疗愈期间的挑战	147
第九章	向外延伸的内部变化	167
第十章	使世界和谐	183
第十一章	新时代	205

第一章

自爱

当我问自己我对什么上瘾时，并没有什么特别的药物或渴望特别突出以至于成为导致我进入黑暗的唯一源头。在停止了严重的药物滥用后我意识到，我一直在用任何能给我带来暂时快乐的东西，来掩盖自己没有勇气面对的内心之空虚。这种空虚一直没有被填补或被满足。我所能体验到的任何乐趣，或人们给予我的关注都远远不够。那种感觉就像是一个无尽的真空，足以装下世界，再吐出来，仍然有空间要求更多。

当我不再把快乐的情感投向这一问题本身，而开始用客观、诚实的关注来滋养自己时，转变终于到来了。我重新集中精力，去关注自己所有不断变化的情绪，效果也随即产生。集中注意力缓解了我对获取更多快乐无休止的渴望，我不再感到疲惫不堪、精疲力竭。当我的个人旅程开始时，我并不知道“自爱”这个词，但我确实把它作为一块重要的垫脚石。如果没有我开始给予自己的这种温柔和接纳性的关注，就不可能进步，从而过上更好的生活。自爱是缺失了的一环，它是我一直在无意识地寻找的、通往人生完整性的钥匙。我发现，你从别人那里寻求的赞赏，并不像你给予自己的赞赏、关注和善意那样，具有使人恢复活力的力量。

自爱的含义

任何强大持久的东西都需要坚实的基础。当建造房屋时，所有的注意力都先要集中在稳固结构的基础上。一旦这个基础被牢固地建立起来，你就可以继续建造、扩展和创造一些宏伟的东西。个人的发展也以类似的方式进行。自爱是一切内在和外在成功所基于的第一步。

自爱会给你的旅程带来能量和稳定，让你的旅程保持在一个明确的轨道上。它是对自我发现意义深远的承诺，是你的幸福的优先考虑。

在 2014 年或 2015 年，一个巨大的转变开始了。关于自爱的概念在文化上发生了重大的转变。我特别注意到，这个词开始频繁地出现在社交媒体领域。我喜欢把社交媒体看作一个人类自言自语的论坛，当时，我们好像集体学会了自爱这个词，并开始以不同的方式看待它，然后从各个方面来更好地理解它的真正含义。许多人都在问自己，自爱对他们来说意味着什么，与此同时，我也在经历自己对这个词的认知过程。我想知道：自爱是真的吗？我们需要吗？这是我可以应用到日常生活中的东西吗？自爱和以自我为中心有区别吗？自爱和自我疗愈之间存在什么关系？

最初，商业化围绕着这个想法，主流媒体宣扬人们可以用钱买到幸福和自我价值的观点。但这是一种误导，因为它混淆了你的需求和渴望。自爱意味着给自己所有你想要的东西，尤其是物质上的东西，这种理解在某种程度上似乎很好，但从许多人的经验来看，很明显，物质上的东西也只能走到这么远。给自己一些小礼物，或者一次用来恢复活力的旅行，都可以归入自爱的范畴，但是，自爱不应该与物质主义混淆。物质不能为你带来心灵上的完全平衡，也不能从根本上疗愈你的过去。如果试图从外部世界或物质中寻求安慰，人们很容易走向极端，然后会进一步加剧渴望的火焰，最终导致不满。只把自爱认为是你能买到的东西，并不能激活它改变生命的力量。

另一些人则认为，自爱就是不惜一切代价把自己放在首位。很多人接受这种自爱的含义是可以理解的，因为太多人为他人而活，陷入取悦他人的循环，没有花时间好好照顾自己。然而，如果只考虑自己，我们就有陷入自我陷阱的风险。在任何情况下都把自己放在首位，很快就会变成另一种极端情况，即无视他人的利益，使我们变得越来越以自我为中心。如果你的自我情绪在增长，那么你的头脑就会充满忧虑，很难看清现实。如果自爱的作用是帮助我们更好地生活，那么这一定不是正确的方向。

对自爱的理解，对我来说最有意义的是，自爱是更为内在的。它是你以同情、诚实和开放的态度对待自己的方式。自爱是用无条件的接受，来会见你自己的各个部分，从你觉得容易爱上的部分，到你试图隐藏的粗糙和不完美的部分。自爱始于接受，但绝不止于此。真正的自爱是全然地接受自己，同时承认你的内在有成长的空间，也有很多东西可以放下。真正的自爱也是一个棘手的概念，它需要一种平衡感，以便能够使用它的含有变革能力的力量——它是在不以自我为中心或自我本位的情况下，对自己的深层滋养。它不再认为自己不如别人，但同时也保持着谦卑，不认为自己比别人优越。自爱的最大好处，来自你和自己之间的积极互动。自爱不仅是一种观念，也是一系列的行动。

自爱的最高形式是我们用来发展的能量。最后，我把自爱定义为“做你需要做的事情来了解和疗愈自己”。

真正的自爱是多方面的，它包括彻底的诚实、积极习惯的养成和无条件的自我接纳。这三大支柱在内在和外在的作用下，产生并支持着一种持久的自爱的感觉。

到处都是

曾经你内心的谎言

现在真相浮现

它提升为真理

它是你与自己的联结

彻底的诚实

彻底的诚实，是一种始于内心的真实感，是一种温暖的认可，它可以渐渐地融入你的意识中。这种彻底诚实的观点，并不是告诉所有人你的想法。相反，它是自我意识成长的根源。曾经被抛弃或被忽视的思想和情感现在被接纳了。曾经想要逃离的地方，现在你愿意挑战自己，去面对那里的一切。最重要的是，你以前对自己说的任何谎言都会被检验，只有这样，真相才能浮现。彻底诚实的关键在于，它不是关于你和他人关系的问题，而是关于在任何处境下如何自处的问题，无论你是独处，还是与他人共处。

彻底的诚实不是惩罚自己或进行严厉的自我对话。相反，它是平静地、持续地与真实的自己保持的联系。练习这种平衡是至关重要的。一开始，你可能会觉得彻底的诚实很难做到，这确实是一个长期的工程。如果你想看到很棒的结果，就需要全心全意地投入这个过程，尤其是当它变得困难时，这样你就可以拒绝重新陷入无意识动机行为的诱惑。

如果你继续沿着谎言走下坡路，恐惧与其两种主要表现形式——焦虑和愤怒——将继续增长。首先，你害怕真相，然后你用谎言来摆脱恐惧，不知不觉地陷入一个循环，实际上你是在继续增强自己的恐惧，因为每一个谎言都会滋生更多的焦虑。终结恐惧之火的唯一方法就是用真相彻底扑灭它。欺骗是对真相的恐惧。

欺骗会产生距离。随着时间的推移，你编造的谎言就更多，于是你对自己也就更陌生。当你不能接受自己的真相时，就正在朝着与自我意识相反的方向前进。当谎言充斥了你的脑海时，生活就会变得不透明，如果你需要采取正确的行动，来缓解你内心的紧张感，那么生活就会变得模糊，同时难以认清能缓解你的内部紧张感的正确措施。你对自己说的谎言还会表现为人际关系深度不足。如果你与自己严重脱节，那么与另一个人产生深层的联系也是不可能的。

当你练习彻底的诚实时，这种距离会缩减，你的头脑开始变得更加平静。内心的和谐始于告诉自己真相。这种和谐会立刻让你的人际关系变得更有活力。在审视你的过去，发现你以前拒绝承认的真相时，这种诚实的力量就会变得更加强大。这种更高程度的存在，可以让你的自我意识蓬勃发展。最终，你彻底的诚实会成熟到毫无争议的地步——无论你走到哪里，你都带着它，在任何处境下，它都会成为影响你做决策的资产。

你曾经欺骗自己，认为什么都没有错，你现在承认了动荡或伤害确实存在。你曾经强迫自己承认喜欢某样东西，你现在承认了你确实觉得它并不令你愉快。你曾经否认过去的痛苦，你现在承认了你的内心有一个需要抚平的伤口。

自爱是我们内心世界的邀请函。当我们把注意力向内转，就会感受到所有的条件反射。彻底的诚实不仅是观察你所发现的，它还要求我们带着好奇心接近自己。将好奇心作为媒介来吸引我们自己，给我们以前用来逃避自己的旧能量赋予新的意义，这有助于我们更深入地了解关于自己的真相。当我们遇到困难时（例如，意识到你和父母的关系中有未被修复的创伤），不要在消极情绪中退缩，而是要思考它是如何造成的，并尽我们最大的努力找到它的根源。

在紧张情绪出现时，好奇心尤其有用。例如，当我们感到悲伤时可以问自己：它来自哪里？当我们发现一个固化的模式时可以问自己：它是如何形成的？这是一种生存策略吗？它源于恐惧吗？这种悲伤从何而来？这种模式是什么时候开始形成的？是什么触发了这种模式？这种行为是如何影响我的生活的？

好奇心还可以帮助我们追踪自己转变的清晰轨迹。当我们改变和摆脱了旧有的内心层次时，还必须一次又一次地，通过定期询问了解自己：我真正的愿望是什么？社会在我的脑海中编码了什么不是真正属于我的内容？我到底想和谁共度时光？我怎样才能更好地调整我的行动来支持新的发展？

彻底的诚实，加上内在的好奇心，有助于帮助我们简化自己的转型。这种诚实的势头和对自己不断加深的了解，可以成为一种力量的源泉，它能帮助我们克服旧有的障碍，释放我们从未想过要背负的包袱。

积极习惯的养成

彻底的诚实会让你养成积极的习惯。当我们意识到那些长期以来养成的、限制我们幸福和健康的行为时，就会同时意识到，我们需要有意识地养成新习惯。当我们诚实地面对不能服务于自己的东西时，就能重新调整自己的精力了。

当我开始练习彻底的诚实时，我首先明白的事之一是，我一直在对自己的健康状况撒谎。我已经非常不健康了。再小的事情也会让我的心率不正常。我的肺也疲惫而无力，我的饮食习惯总是让自己感到筋疲力尽。我知道如果想要改变自己的生活，就必须从这里开始。尽管这是极其困难的，但我通过户外慢跑，突破了这种停滞模式的障碍，并在我的日常饮食中，添加了更有营养的食物。说实话，刚开始的时候，这些改变令人很痛苦。我的身体已经多年没有感受到运动的压力了，我的大脑也在挣扎，因为我的味觉并没有立即对我选择的新食物感到满意。即便如此，这也是我不得不下定决心的时刻之一。我决心以一种新的方式生活，因此我不得不面对有时伴随着个人转变而带来的不适。

积极习惯的养成是一个长期的游戏，最好的结果不是立竿见影的，而是在你加倍坚持之后才会出现的。你要明白，你正在做一件伟大的事，这有助于缓解你对速成的渴望。正如作家詹姆斯·克利尔（James Clear）在他的《掌控习惯》（*Atomic Habits*）一书中，简明扼要地指出的那样："你采取的每一个行动，都是在为你想成为什么样的人投下一票。没有一个事例会改变你的信念，但随着选票的增加，证明你的新人格的证据也会增加。"

以我的经验来看，试图一次性改变一切是行不通的。相反，我们要专注于一些关键性的变化。继续向前推进，直到你想要改变的事情不再成为一种挣扎，而是自然而然成为你的一部分。那时你就会知道你已经成功了。

彻底改变你的全部生活，并且把一切都颠倒过来，会把你的精力分散在太多的方向上。

相反，要选择一个集中的策略。培养一个必要的习惯，直到它在你的思想和身体中变得根深蒂固，这样你就可以更容易地拓展到新的领域。当你转移你的注意力时，你花了很多时间培养的积极习惯不会消失，因为你确保自己给了它足够的时间，让它成为你生活中的重要支柱。当你完全内化了一个新习惯，你就不会觉得是在很紧张地做它。重复这个习惯不再感觉像是在严肃地工作。相反，它更像是一个你甚至可能喜欢的、毫不费力的例行程序。当我开始每天冥想时，我感觉它是我每天必须完成的一项艰巨任务，但随着我的持续努力，它成了我生活中难以跳过的一部分。

当你让自爱影响你的决定时，它会强烈建议你提高对自己的标准。自爱不是一种压倒性的积极感，它是你需要给自己的坦率建议，这样你才能真正蓬勃发展。如果你专注于重复那些有益健康的、由内而外滋养你的行为，就会更少地感受过去每天曾感受过的内心挣扎。

无条件的自我接纳

自爱是我们用来穿越自己内在世界的工具。让这段旅程富有成效的，是我们一路上的自我接纳。当我们欢迎自我发现时，内在世界就会向我们敞开。那些曾处于黑暗中的过去种种，将在自我意识的光芒下显现出来。深刻的自爱可以给我们的生活带来意义深远的改变，它会让我们成为勇敢地向内探索的探险家，加深我们对是什么造就了我们的理解。如果没有自我接纳，我们遇到的任何艰难的事情，都能使我们很快停止或结束这段探索的旅程，或者将我们打回已知的领土。但是，当我们明白遇到困难是必然的，并准备好以自我接纳的心态来迎接自己时，就更有可能接受我们条件反射中的难懂的部分，并继续深入研究情绪的发展过程。

需要明确的是，自我接纳并不意味着自满。它只是意味着，无论发生什么，我们都不会排斥或对抗，而是承认它的本来面目，如果需要采取行动，我们会巧妙地去做。自爱的强大之处在于，它不仅是一种看待自己的方式，还是一系列的行动，不断地使我们与我们希望成长为什么样的人的更大愿景保持一致。

当我们练习自爱时，肯定会出现需要我们公开处理和纠正的事情，但是，对我们想要改变的东西感到仇恨的话，只会蒙蔽我们的思想，使我们的行动效率降低。自我接纳是对现实的深层次接受，是放下对过去的自己的惩罚，是平衡我们用于个人转变的所有其他工具的基础。当我们的自爱变得活跃起来时，转变也就立即开始了。没有一种转变会带来牢不可破的上升轨迹——我们一定会跌倒，会暂时性地回到旧有的习惯，会在开始改变人生的飞跃之前先后退几步，或者会体验到只是需要片刻的休息。在我们的个人旅程中，不是每一刻都会胜利。

尤其是在艰难的时段，比如，当我们内心出现混乱时，对我们自己的紧张产生强烈的厌恶是没有帮助的——那只会让我们已经感觉到的沉重变得更糟。为漫长的旅程做好准备的最好方法，就是带着自我接纳的心态度过这些情绪起伏的时刻。

自爱是一种途径

自爱可以帮助我们建立内在的凝聚力，这样我们就不再远离自己了。我们越接近真相，并学会全然接受它，也就越能找到更多的个人内在和谐。建立这种自我意识，为我们打开了一扇大门，让我们不仅学会更好地爱自己，而且开始对生活中的人产生更深的爱。在它的最高层次上，自爱将继续扩大，最终成为一种无条件地爱所有生命的途径。

当你通过自爱的能量深入了解自己时，你也开始了解人类整体的状况，以及你自己沉重的情绪和创伤，是如何随着时间的推移塑造你的行为和反应的。当你的内在对自己来说不再那么神秘了，也就可以开始以更清晰和同情的眼光看待他人了。

尽管所有人都有不同的经历，但我们都经历着同样的情绪波动。我们的思想可能包含不同的内容，但它们的运作模式是比较相似的。例如，我们都很难活在当下。在困难的时刻，我们的过去会重新出现，试图通过将新的经历与我们的过去相联系，以此来帮助我们理解它，但这往往会激活旧的反应模式。此外，我们所有人在某些时候都会经历恐惧、贪婪、嫉妒、愤怒，以及其他加深我们条件反射的情绪。

当我们仔细审视我们的思维方式时，会开始对他人产生更深的同情，因为我们看到了自己的挣扎，并已经处于克服它们的过程中。这样，当别人经历困难时刻时，我们就能更容易地理解并表达对他们的爱。

当我们看到所爱的人历经挣扎，或者甚至当我们与一个有挑战性的人打交道时，这种日益增长的理解感，将引发内心更深层次的宁静。正如佛学精神领袖一行禅师所写："理解是爱的基础。"在花了一段时间练习自我接纳和加深我内心的好奇心之后，我发现内心的挣扎是外部冲突的重要原因之一。这可以在一些人紧张的时候看到，这种紧张感使得他们对其他人失去了耐心，导致他们用愤怒的语言进行反驳。

当我们没有意识到，童年创伤是如何导致我们成年后亲密关系的低效模式时，它就出现了。当你看到自己的能力提升时，你对周围人的耐心也增强了。随着在个人转变中取得进步，随着自爱达到新的成熟水平，我们对他人的爱也将继续扩大。它以一种明智而平衡的爱的形式出现，意思是我们同情他人，但不遗忘自己。在这种爱中，我们明白了善待自己的重要性，这样我们才能以一种印象深刻的方式出现在他人面前。

当达到最高境界时，自爱就成了让我们感受和表达无条件的爱的基础。没有自爱，所有其他形式的爱都将停留在表面。一个完全自由的人不会在内心或头脑中怀有任何恶意。他的存在会散发出对所有存在的爱，无论他是否与它们直面或相遇。这不仅是一种在内心能感受到的平静的爱，还是一种可以在必要时采取行动的爱。真正的爱像水一样灵活，它可以静止，也可以成为洪流。

自爱与疗愈的桥梁

当我激活自爱时，我对自己的头脑及其所承载的内容有了更清晰的认识。我能感觉到随着时间的推移而积累起来的悲伤，每当我觉得事情变得困难时就会激增的焦虑，每当我觉得没得到自己渴望得到的东西时就会感到的紧张。如果不是因为自爱，所有这些难以理解的模式都会被隐藏起来。

彻底的诚实、积极习惯的养成和无条件的自我接纳，带给了我真正的结果。但是，当我开始意识到我的头脑中滚滚而来的念头时，我意识到这不会是一个能速成的短暂冒险。如果我想找到问题的根源，真正解决我头脑中最深层的问题，我意识到我不得不全心全意地投入一段漫长的疗愈之旅中。自爱渐渐地让我走向我的内在，让我认识自己，让我知道我不仅需要加倍关注我所关注的有益行为，而且我必须鼓起勇气，深入挖掘，这样才能真正开始疗愈的过程。

自爱和疗愈是紧密交织在一起的，如果你认真对待其中一个，另一个就会立即被激活。

它们一起兴衰起伏。同样，如果两者都很繁荣，必然会发生深刻的转变。

反思

在每一章的末尾，我都提出了一些问题，我希望鼓励自我反思和自我探索。

它们可以被视为日记提示，让你深入处理自己的某些部分，也可以作为你可以保存在大脑深处的东西，在你度过一天之后予以回顾。这些问题也可以在安全的环境下与朋友或你爱的人一起探讨。

你现在的自爱是什么样的?

你希望你的自爱如何发展，你希望一年以后它是什么样子?

你难以接受自己的哪一部分?

这是你经历里的关键部分吗?

你正在努力培养哪些积极的习惯?

有没有一种方法可以借助边界来支持你培养新的自己?

建立自爱能帮助你对他人产生更多的同情心吗?

认识你自己能帮助你更清晰地看见它们吗?

你现在做到了彻底的诚实吗?

当你的内心充满紧张感时，你还能对自己诚实吗?

缺乏自爱如何影响了你过去的人际关系?

第二章
疗愈

我的家庭曾经历的与贫困的斗争，是对我的心灵产生过重大影响的诸多情形之一，也是其中最为突出的。身为一个贫穷的移民，想在美国生存并长大是很具挑战性的事，我的个人心理创伤就与这段成长经历密切相关。其实我很幸运，拥有一对深爱彼此并极其关爱孩子们的父母，但由于他们既没有受过大学教育，也不会说流利的英语，因此几乎没有改变个人阶层的机会。父母曾冒着很大的风险移民美国，他们知道未来的生活会很艰难，但他们也知道，孩子们在美国会得到在厄瓜多尔得不到的机遇。贫穷使父母试图为我们营造的家庭安全感变得很不稳定。他们在努力支付账单及确保我们有可口饭菜的同时，承受着巨大的压力。他们还处于无法为家庭的经济提升做出长期计划的困境。这种压力与困境所产生的沉重氛围弥漫于整个家庭。我们的生存需求是如此迫切，以至于有时即使是父母彼此之间拥有强烈的爱，也会因生存问题带来的巨大压力而变得紧张起来。

当我还是个孩子的时候，我曾怀疑父母在一起是否合适，因为他们经常争吵。现在，早已成年的我可以看出，他们之间并不缺少爱。过去发生的事都源于一个根本性的问题：生活的拮据让父母心中充满了紧张感，而他们经常把这种紧张感投射到彼此身上。现在，我父母的关系已经大不相同了——他们对彼此的爱是显而易见的，关系也十分和睦，但他们现在可以松一口气的部分原因是，孩子们都长大了，足以照顾自己并在经济上给予家庭支持。他们的争吵是由当时的处境决定的，并不是因为感到彼此不合适。

多年来，弥漫在家庭中的紧张氛围和我眼中父母为维持生计而经历的挣扎，都深埋于我的心中。我尤其记得，每个月我们都要为付小公寓的房租而挣扎。多数时候，我都会听到父母为此争吵，他们的声音中充满了压力与疲惫，不断在想接下来该怎么办。而身为一个孩子，我很想知道这个问题到底能否结束，还是干脆会变得更糟。我还记得那种强烈的不安全感贯穿全身，让我觉得地板随时都可能会崩塌。我也记得我曾为父母感到难过，希望自己能在某些方面帮助他们。同时，一种结合了愤怒和羞愧的感受也不由得产生。愤怒是因为贫穷，羞愧是因为我知道全家每周都只能勉强度日。我的家人为了基本的生存而苦苦挣扎，这个现实让我觉得不公平。以上种种都使焦虑的情绪悄然而生，它更深入地表现为渴望得到更多，而这种反应是人类共有的。恐惧在我的头脑中找到了肥沃的土壤，我常常去想象事情可能会出现的最坏的结果。家中的生活方式更是无法改变我记事以来心中的悲观倾向。

我不断地渴望得到更多，还怀着持续的不安全感和持久的悲伤感，在我步入青年时期，上了大学之后，这种感觉变得更糟了。匮乏感让我进一步想抓住我能得到的少数事物不放，并渴望得到我负担不起的东西。我必须开始自我疗愈了。

如果你诚实地审视自己的生活和想法，可能会从过去的经历中找到一些具体的事例，并尝试通过它们疗愈自己。至少，这种反思会帮助你看见——是的，你可以更快乐——你还有空间提升你内心的平静感和头脑的清晰度。所有人心中都会紧张，这种紧张感会阻止人们过上最幸福的生活。但幸运的是，积聚在我们内心的紧张感是可以被释放的。疗愈就是指你有意识地去减少内心的紧张感。

人们的内心通常充满了压力和焦虑。这使大脑不能很好地专注当下，脑海里也总会浮现那些阻碍平静生活和做出有效决定的人、事、物。而接受我们情绪的起落，将会大大改变这种状况，能让我们学会如何以更好的方式生活。

如果放任原有的思维模式，我们的大脑将继续给出同样的反馈，并像自动驾驶仪一般持续过去的生活方式。大脑最懂重复，于是我们常处于一种默认的、进行盲目行为的生存模式状态，在困难情况出现时尤其如此。即使某种情绪对身体是有害的，比如压力或焦虑，但只要它是我们过去的反应方式，大脑就会继续重复它。甚至每一种反应都会逐渐塑造人类的感知，以至于我们所感知的一切，都先经过了一层层旧有的条件反射，并与我们当前的情绪相结合。由于我们的感知是由过去和情绪驱动的，因此它会抑制我们识别现实的能力。大脑不会主动做对它有益的事，除非我们有意地训练它这样做。

疗愈始于想要成为一个探索者的意愿，它带你探寻存在于生命中的广阔的内在森林，并用你的意识作为为你指明道路的光。这是一趟充满挑战的旅行，偶尔它会充满困难，因为你无疑会遇到内心的阴影和在自我接纳过程中很难完全接纳的部分。但这也是一个能带来无与伦比回报的挑战。当你能看清自己时，也就唤醒了真正的内在力量。每个人的内心都有一个未被开发的宇宙，但世上大多数人都没有意识到，因为他们没有真正用眼睛在看。相反，他们是用自己的情绪在看，而这些情绪往往只是他们过去受到的伤害的回声。因此许多人陷入了情绪投射的循环，从而把内心的不平发泄到这世上。

当你把注意力转向内心时，就开始了深层的疗愈和情感的成熟。当你经历人生的起伏时，能够看到自己的情绪，而不是逃避或压抑自己的情感，便能加深对自己的理解。去感受情绪来了又走；去接受你的过去，关注过去在当下的体现。当你处理困难的情形时，去观察你的内心，关注生活中反复出现的行为模式；去审视内心的故事，以及自己的想法是如何影响情绪的。密切关注所有的心理活动，它们能为你开启一扇改变生活的学习之门。但是，心智的这些特质都不是自然产生的，它们需要被有意识地激活并持续地培养，继而变得足够强大，以改善人的心理健康状况，让我们的内心从求得生存到变得丰盛。

建立自我意识可以提高思维的敏捷性。只要你花时间关注自己的想法，当困难再出现时，你就有可能放慢速度。与其陷入根植于过去的盲目反应中，不如有意识地停下来，给自己一点时间，看看究竟发生了什么。这种暂停的能力看似简单实则并不容易，需要时间来培养，但这种练习的结果是非常有益的。给自己时间去见证现实，而不是立即做出反应，这是疗愈过程中取得进展的标志。现在你可以看清自己，给自己更多的时间来处理正在发生的事；你可以更容易地、以与你目标一致的方式行事，同时，尊重内心的真实感受。找到一个平衡点，让自己可以诚实地面对内心的真实感受，不让一时的情绪完全控制行为，这能帮助你更好地应对生活中意想不到的变化。

通常情况下，当人们想要改善自己的生活时，就只关注周围的事物，而不去关注自己的内心。换个地方开始新生活可能是有帮助的。但是，如果不打算改变自己的心态，那么，根深蒂固的旧模式，就会重现那些你试图摆脱的情景。人们会重新评估自己的目标，并去想象自己希望过的某种生活，但事情总不会那么容易水到渠成。愿景在付诸行动之前始终只是愿景。互联网上流传着一种常见的引导："命里有时终须有。"但是，生活从来都不只这么简单。这是一块残缺的拼图，因为如果你从不处理思想的重负和困扰你的心灵的恐惧，那么，生活也将继续艰难下去，你将阻止自己享受美好的事物。当你与真实的自己紧密相连并追求个人的成长时，属于你的事物会更容易地来到你的身边。内在动力的形态总是会影响你将要做的事。而内心的障碍（也就是你没有意识到的那些制约内在自由的部分）总能有一种方法，把好事从你身边推开，直到它们被疏解。如果你的心里充满了愤怒和紧张，那平静就不可能出现，你所得到的一切也不会帮助你得到幸福。相似频率的事物往往会相互吸引，如果我们的内心不与平静的频率保持一致，那么和谐就很难进入我们的生活。疗愈不仅会改善你的生活，还会为你打开美好事物的大门，因为你心智的质量决定了你生活的质量。

另一个不容忽视的关键因素是你的努力，这是至关重要的。知道自己想要什么是一回事，制订计划并付诸行动来实现你的梦想又是另一回事。把事情留给突发奇想一时兴起的希望，或者只是等待事情自己降临，都是被动的生活方式，不会产生好的结果。有效疗愈自己的一个重要部分，是对你的思维模式负责。即使你经历中的创伤或伤害——尤其是在你童年时期发生的事——增强了这些模式，也并不是你的过错，但对于这些模式的疗愈只能由你来完成。他人当然可以帮助你，但是，终究还是要依靠你个人的意愿和努力，走出过去你所承受的苦难。如果需要专注一件事来改善你的生活，那么它应该是自我疗愈。如果你想过上更好的生活，就必须专注于对你影响最大的事情，毫无疑问，那就是你和你的头脑之间的关系。如果你深入你的自我疗愈中，那么你为实现愿望和梦想所付出的努力将会更有效，并且将更快地产生结果。一个被疗愈的心灵是极为强大的。

我们最强烈的倾向之一是指出问题的根源，就好像它在我们之外一样。我们的自我倾向于把责任推给自己以外的人，而责任往往会落在我们最亲近的人身上。一天，我的妻子萨拉走进我工作的厨房，脸上带着微笑开始告诉我，过去几个小时里她是如何在脑子里和我争吵的。那天她很生气，可并没有什么特别的原因。即便如此，她的大脑一直试图弄清楚，这种愤怒怎么可能是我的错。她的思绪越陷越深，最后就是想找到一个合适的理由。但是，在认识到这种思维模式后，她重新获得了力量，愤怒最终平息了。最后，当她描述她的思绪跳圈一般试图拒绝为自己的紧张感负责的时候，我们一起开怀大笑。她的诚实也让我明白，我自己也会陷入同样的思维模式——我心里产生的紧张感经常试图建立一个理由，把事情归结为她的错，而实际上这与她无关。

当然，有些时候会有人对我们做一些令我们愤怒的事，但很多时候情况并非如此。每当愤怒或其他沉重的情绪出现时，它就会开始寻找更多的"燃料"，即使它必须扭曲逻辑来这样做。这是一些会一次又一次出现的事，即使你在疗愈中已经取得了进展。耐心地提醒自己，你是自己命运的创造者，这将帮助你重新确认你自己是自己精神状态的主宰者。

你会惊讶地发现，仅仅是意识到在你的脑海中发生的事，然后用你的意图把自己拉回到正确的方向，就能产生强大的力量。我们有时会把事情复杂化。但是这种简单的改变精神能量去向的行为，即使你不得不反复去做，也会帮助你养成感激的习惯和追求更好生活的心态。这就是为什么自我意识是那么重要。当你能看到你的思维是如何运转的，就可以在必要的时候使用你的意图来纠正它。这并不意味着压制任何东西。我们需要接受这样一个观点，即思想是可以扩展的——你可以容纳多个版本的自己。你可以尊重你的过去所带来的不断试图出现的感觉，或者一种寻求你关注的沉重情绪，而不让任何沉重的感受占据你的脑海。通过感受沉重的现实，你可以尊重你所处的位置和想要达到的位置，但不要让它左右你的行为。这是我希望这本书能带给你的关键精神转变之一，即直面真实和保持自我的艺术。真实地接受你的感受，即使事情变得艰难，也要保持自己的成长使命。关键是去感受它，而不是成为它。

成熟就是当你终于可以驾驭人生中的沉浮

不再被它们动摇

你不再期望一切都是完美的

知道变化才是持续的

你不会在艰难的时候评判自己

你生活在感恩之中

并会享受当下美好之事物

问题是大多数人想要一个更简单的答案，一个快速的解决方案，但这不是疗愈的运转方式。你的模式是在几十年的时间里建立起来的，反应是在很长一段时间里积累起来的，它们在潜意识深处聚集起来，被硬化的像是混凝土一样。幸运的是，你的意志和意图是强有力的工具。疗愈当然可以在比几十年更短的时间内发生，但即使如此，要打破你旧有的生活方式，也需要真正的努力。权宜之计通常只会产生表面效果。如果你还没有准备好深入挖掘你的“情感战壕”，并且面对那些一直在阴影中等着你的残酷事实，那么待以后完成这项工作时将会比现在更难。疗愈过程中最困难的部分是保持灵感，这样你就可以继续努力建立新的自己，不断地思考，不断地行动，一步步前进。所有这些看似微不足道的变化最终会形成一个全面的转变。能够治愈自己的人是雄狮，是具有非凡勇气的英雄——我这么说不是要打击你们，而是要明确地告诉你们，这段旅程并不会太快，也不会那么容易。这是一段需要投入很长时间的旅程。它没有时间限制。你必须爱自己才能改变自己，爱自己并不需要休息日。但是，通过接受、耐心和努力，你可以支持那个自己正在成为的人。

疗愈无关于完美，它与不再去无意识地生活有关。我们可以花费数年的时间不断地放弃我们的力量，从不为自己的想法负责。疗愈是用你的意识照亮你的心灵，打开内心的无比明亮的光，从而使你内在的旧有模式无处可藏。最终，能够清楚地看到自己将帮助你重新获得力量。如果你看不到需要改变的地方，那么改变就不可能发生。你的注意力的力量是了不起的，也是不可估量的。当你把注意力集中到你的内在时，它将帮助你移除所有阻碍你建立伟大思想和伟大生活的障碍。

情感的历史

疗愈是有必要的，因为我们所感受到的一切都会在脑海中留下印记，而这一切都积累在我们的条件反射中：我们的家庭动态，我们在学校学到的东西，我们与朋友和伴侣的关系，我们与自己的关系，以及其他任何经历或我们的存在遇到的微小信息。所有这些聚集在一起，创造了我们的条件反射的整体。我们的条件反射是不会安静下来的——它渗透到我们如何看待自己、与我们互动的人及这个世界。我们的条件反射不仅仅影响我们的观念，它甚至进一步塑造了我们的行为方式。当我们谈及疗愈，以及我们实际上是从哪儿开始治愈时，我们指的是沉重的条件反射，它使我们的思想超载，使我们无法真实地生活。无论我们走到哪里，实则都带着我们过去生活中产生的条件反射。

意识有时会忘记，但潜意识会积累过去的每一个反应。这些反应随着时间的推移而变得坚硬，并发展成特定的行为模式，当大脑被提醒过去的情况时它们就会出现。你是否曾经在排队时感到不耐烦，或者在交通堵塞时感到愤怒？当你已经有很多事情要去做，有人又增加了一个高优先级的待办事项时，你是否觉得压力和焦虑开始悄然袭来？当有人粗鲁无礼或居高临下时，你会做出防御反应吗？这些只是几个常见的反应模式的例子。我们对这些反应模式的感受的强烈程度，与我们过去有过多少次这样的反应直接相关。疗愈是处理和卸载过去所有阻碍我们在当下自由生活的负累的能力。

疗愈不会抹去过去，疗愈的关键是不要忘记已经发生的事情。艰难时刻的旧记忆可能会在深度疗愈后出现，但能改变的是，当它们出现时我们如何反应。如果反应的强度在降低，那么就已经取得了真正的进展。这与抑制反应无关。这只是在衡量大脑中实际发生的事情的一个标准。你有可能感受到关于自己的真相而不被它所吞噬或让它控制你的行为。

我们的条件反射最主要的部分之一，是我们个人的情感历史。那些挥之不去的情感与我们一生中所感受到的强烈情感密切相关。

了解我们个人的已有经历，以及这些挑战是如何在我们的情绪和行为模式中表现出来的，都有助于我们释放被僵化的反应。与其被困在重复过去的循环中，不如去打破这个循环，做出不同的决定，并感受我们最突出的防御情绪之外的东西。我们的情感历史有时是如此密集，以至于限制了我们改变行为的能力，因此令我们处于一种仅仅是生存的状态。但是，没有任何来自过去的情感包袱是无法被疗愈的。

找到我的模式

在我跌入人生的谷底时，我花了整整一年的时间练习自爱的 3 种方式——彻底的诚实、积极习惯的养成和自我接纳——此后，我已经看到了显著的效果，但直觉要求我更加深入。

与此同时，我大学时最好的朋友之一萨姆正在印度旅行。在那期间，他居住的家庭告诉他，有一个为期 10 天的静默冥想课程，这激起了他的好奇心，不久之后他就去尝试了。他原本是去寻找新体验的，却意外地发现了更伟大的东西：他找到了自己的路。

课程结束后，他给我和其他 3 个亲密的朋友发了一封很长的邮件。他所传达的信息都是关于爱、同情和善意的。我记得当时我很震惊，因为那之前，在我们之间的相处中从来没有涉及过这样的话题。事实上，我从来没有听他说过这样的话。我一直认为他是一个值得信赖的朋友，但我们之前的谈话从来没有涉及过那些脆弱的空间。我能感觉到，他在和我们分享他的真相，那 10 天使他的内心产生了巨大转变。收到他的邮件时，我刚开始我的疗愈之路，但已经坚定了要走完这段旅程。虽然那时我只做过一次大约 20 分钟的冥想，但是在听到他有那么充满强大力量的经历后，我的直觉立刻告诉我，这是我需要尝试的东西。我在美国报了一门教授同样的冥想技巧的课程。不管他得到了什么，我也需要得到一些。

2012 年 7 月，我第一次上了内观冥想的课程。这种类型的冥想可以追溯到佛陀最初的教导，但这种对内观的现代解释来自葛印卡（S. N. Goenka），他是一位印度裔缅甸人，师从乌巴庆（Sayagyi U Ba Khin）。1969 年，葛印卡开始在印度任教，随着时间的推移，内观的观念传播到世界各地。直至今天，我还是认为葛印卡是我的老师。尽管他在我有机会见到他本人之前就去世了（2013 年）。

我的第一堂冥想课上得极为困难。上课过程中我一直在挣扎，因为我旧有的条件反射在非常努力地拒绝练习。我满脑子想的都是“离开这儿”。课程开始几天后，我记得我看着那个载我去静修的人，想知道他是否也想离开，但他似乎下了决心要留下来。那时候优步（Uber）和来福车（Lyft）还没普及，所以我根本没办法回家。这次静修是在华盛顿州的一个小镇上，那儿离我认识的人的居住地都很远。现在，我很感激有这样的机会，因为回家之路很不容易，所以我才能一直上课。在第七天左右，我终于安定下来，不再想逃离，开始更多地投入冥想。静修结束后，我知道我遇到了一些特别的东西，它真的适合我正在寻找的深度疗愈。不可否认，我的感觉比我一生中任何时候都好。我的内心变得更轻松、更开放，我的情绪不再感到阻塞，而且它让我更从容地欣赏生活，并享受每一个当下。我绝没有完全被疗愈，但我开始发现，如果我坚持练习，我将继续获得深奥的并会改变生活的结果。

在上完第一门课程后，我的想法发生了巨大的转变，于是我在 2012 年 9 月又报名了一门课程。我知道我从这种技巧中学到了很多，但我不太明白它是如何奏效的，我想学习如何更好地练习。很快你就明白了，疗愈需要投入的，是你自己的努力和时间。你投入得越多，收获也就越多。我形成了每年上几门课的惯例。这是一个很大的时间投入，但我知道我必须先得到疗愈。我需要把自己的健康放在首位，直接地处理我在之前的人生中建立起来的所有不健康的模式。

事实上令人震惊的是，真正意义上的被治愈是可能的。在我成长的过程中，我不知不觉地接受了这样一个想法：你所背负的精神负担将永远由你背负。我不明白人的思维的可塑性有多强，也不明白有意识的内省行为是如何减轻个人痛苦的。起初，我会怀疑这些变化的真实性，我的心情是否真的感到轻松了。我想确保我没有压抑任何东西。但那些变化是真实的：当事情变得非常困难时，我没有再去使用药品，生活的起伏也不再显得那么极端。更多的证据表明，我对待他人的方式发生了真正的改变。在过去，我对待他人的方式很容易被默认为是自私的——长期的匮乏会让人以自我为中心——但我越来越多地感受到对他人的爱和同情，这是一种全新的感受。这种感受是活跃的，甚至在充满挑战的时刻也依旧存在。

2015 年左右，我已经成长和疗愈到了一定的境界，在那里，我终于有精力将冥想带入我的日常生活。今天，我仍然继续以同样的方式和习惯进行冥想。我仍然认为，冥想带来的疗愈的力量是很难被量化的。但很明显的是，当生活的挑战再次出现时，我已不再觉得有必要逃避或压抑情绪的来袭。冥想教会我专注于建立一种平静（内心的平衡，不含渴望或厌恶的观察能力），而不是让内心的反应无休止地翻腾。这个解除束缚的过程帮我净化了潜意识里积累的东西。我现在可以用一种新的冷静的态度，来观察自己身心的真实状况，而不仅仅是去无意识反应和徒增焦虑。我的大脑并不完美或完全明智，通往完全解脱的道路仍在继续，但我确实有一条清晰的道路存在，它让我觉得我向前迈出的步伐是真实而牢固的。以前的我——头脑为痛苦、焦虑和不安全感所充斥——早已不复存在。我仍然会感受到情绪的来袭，但已经不像以前那么强烈了。虽然旅程还在继续，但我心里的紧张感已经减少了，我能够以一种更自在的状态出现在我的生活和亲人的生活中。而这种感觉像是一种真正的胜利。

你即刻的反应

无法告诉你你是谁

在你反应之后做出的如何回应的决定

能给你真正的洞察力

让你知道你成长了多少

你的第一反应就是你的过去

你有意识的反应就是你的现在

不只是童年

每个人都有自己独特的人生旅程，我们的疗愈也将基于此展开。生活中一些主要的挑战，可能包括童年的痛苦和创伤，童年后发生的伤害没有被意识到，它们随着时间的推移而变为坚固的模式，盲目的反应，以及边界感的缺失。

我们很多最难理解的条件反射，都是在童年时期被积累起来的。这对我们的性格和行为模式产生了很大的影响，但我们的条件反射从未停止被塑造。每当我们做出反应，或感受到一种或另一种沉重的情绪时，它都会在大脑的潜意识中留下印记，从而改变我们的条件反射。童年是会带来巨大的影响，但是，你在随后生活中感受到的任何伤害，也都会产生影响。所有的情绪都不只会是在那一刻被感受的，每次我们对它们做出反应时，它们都会让我们感受到它们，在未来也会一次又一次地出现。我们的性格从来都不是一成不变的，因为我们的潜意识总是在变化，就像宇宙的其他方面一样。它有能力放弃旧有模式，或者获得新的模式。人类的意识在其一生中始终是可塑的、易变的。任何时候你过激的反应都会在你的现在留下印记，也可能会在你的未来留下印记。当你的潜意识发生转变时，无论它是继续源源不断地积累越来越多的印记，还是做相反的事情，净化自己所包含的东西，它都会导致你性格的变化。

因此，一个人永远不会一成不变。人类真正的核心是改变。我们的力量，还有甚至可以说疗愈是可能的原因的事实在于，有了意图，我们就可以给内在的自然变化一个明确的方向，而不只是无意识地去试图驾驭生活的起伏。

最大的误解之一是，我们的反应是由我们的想法或别人对我们做的事情驱动的。从表面上看，似乎是如此，因为大脑的反应变化如此之快。但是，正如佛陀在他的教导中所澄清的，也正如葛印卡在他的10天课程中所强调的，有一个更微妙的过程正在发生，一种更高的觉察最终将能够被感知。具体地说，就是心生的念头与身体的感觉同时生起。我们的反应不是针对我们所想的，而是针对我们所感觉到的做出的。如果我们想到我们喜欢的东西，或者如果我们听到、尝到、感觉到或看到我们认为愉快的东西，身体都会感到愉悦，我们会对这种感觉产生渴望，于是想要越来越多令我们觉得愉快的东西，但这必然是暂时性的。同样的过程也会发生在让我们感到不愉快的事情上，然后我们会在身体里体验到不愉快的感觉。我们内心感受到的紧张感，是由我们对身体中发生的不愉快感觉的厌恶驱动的。这些心理过程发生的速度之快，使它们在很大程度上没被看见。人类是非常聪明的生物——总在思考、说话、处理、分析——但我们无法意识到感觉和对感觉的反应，对我们的压力和心理条件反射有多大的影响。

其他人当然可以对我们做有害的事情——我并不是在尽量淡化这种现实。当面对对自己或他人的潜在伤害时，我们应该采取强有力的、有意的行动来防止造成伤害。然而，有必要了解的是，我们对自己感受的感知和反应过程发生在我们自己的头脑中，而不是由外部的事物决定我们的情绪。能够看到我们的反应对我们情绪的影响，以及我们在头脑中感受到的紧张程度，可以告诉我们，我们给自己造成了多大的痛苦。这种认识也给了我们未来疗愈的希望，因为我们的反应并不是一成不变的。疗愈意味着我们可以过一种更宁静的、不那么紧张的生活，而不是永远沉浸在过去的伤害中。如果我们能认识到使我们紧张的根源，就可以开始以一种符合我们现状的方式来解决它。

疗愈与解脱

以下是对疗愈和解脱的简单说明。我借助从直接经验中获得的理解来写作，但如果我没有认真接受佛陀的教导，就不可能有这样的经验。我对一些信念和反应的很多理解，都是基于佛陀的教导和我通过冥想所获得的观察。我一开始冥想是为了转变。从直觉上来说，我觉得冥想可以帮助我疗愈内心的沉重，让我走上更好的生活之路。这绝对是我通过静修得来的，但是，随着时间的推移，佛陀教义中更微妙的方面开始变得更加清晰，完全解脱是可行的想法开始可以被理解。当我作为一个社区活动组织者工作时，我已经遇到了集体解脱的想法，所以对我来说，解脱对个人来说也有内在的和自我的动力，这也是很自然的。在内观的教导中，人类普遍感到的不满足是由于一种渴望，但我们所有人都有可能完全消除渴望，从而完全解脱。

疗愈和释放可以很好地并行，因为我们精神上的痛苦是由我们未经思考做出的和不受控的反应的严重程度造成的。真正的疗愈将有助于减轻这些反应的强度。解脱之路也有同样的作用，但它走得更远。如果有人决定走完这条路，他们最终会终结痛苦。

本书的重点是疗愈，它涉及我们中间许多人在深入疗愈的过程中需要跨越的门槛。无论我们是通过某种形式的冥想、心理治疗，还是其他对我们的生活产生积极影响的治疗技术来做到这一点。疗愈是每个人都可以做的，不管我们是否有灵性，因为我们都知道过于沉重的头脑和淹没我们的情绪是什么感觉。就我个人而言，我知道疗愈是我所需要的，也是最适合我的方法，最终把我引入一条重要的解脱之路。这条路我一直走到今天，我计划继续走下去，因为我还有很长的路要走。尽管我所走的道路源自一个特定的传统，但当你将注意力转向内在时，疗愈的经验也有着相似之处，这一点会随着疗愈的深入变得明显。

为每个人自己

冥想一直是我疗愈的途径，但它不是唯一的方法。没有任何一种疗愈方式是具有垄断性的。我们生活的这个时代的特别之处在于，有大量的内省方法正在给人们带来实质性的结果。

尽管我们都经历过类似的情绪谱系，经历过类似的与依附和旧行为模式的斗争，但我们都有独特的条件反射，这使我们彼此区分开来。没有两个人走过相同的人生旅程，我们每个人都有自己的情感历史，当我们开始自我疗愈时，我们必须穿越它们。

既然每个人都有自己的条件反射，所以一个人如果被疗愈并不代表所有人都能一样被疗愈。这是做内省工作的一个棘手的方面。你必须通过找到适合自己的工具或技术来发现适合自己的方法。幸运的是，你不需要重新发明“轮子”。现有的疗愈方法已经非常丰富，而且越来越容易获得。对你的朋友或家人奏效的方法可能并不适合你。当你开始自己的个人疗愈旅程时，去察觉你认为正确的感觉是很重要的，因为你所做的事情应该与你的直觉一致。关键是要找到一些有挑战性但又不是压倒性的东西。当你把注意力转向你的情感历史时，你还有精力处理发生的事情，你就处于那个“最佳听音位置”。有些人经历过十分严重的创伤，当他们开始内观时，了解他们的条件反射将需要一个温和的方法，而另一些人可能能够立即掌握一种更强硬的疗愈方法。

真正的疗愈是一个消除条件反射的过程，它能帮助你消除创造幸福空间的障碍。疗愈始于了解自己、爱自己。当你看到并感受到自己背负了多少的时候，你就会明白，是时候放下了。

反思

你触碰过自己的情感历史吗?

你有哪些部分需要疗愈?

在你的生活中反复出现的主要模式是什么?

当事情变得困难时，会呈现什么模式?

你的童年是如何影响你的条件反射和你的性格的?

童年后发生的尤为突出的伤害，对你的生活产生了何种影响?

你看到了你的过去和你冲动的反应之间的联系了吗?

第三章 放下

在我自己的疗愈之旅中，我与悲伤的斗争反复出现。这是遇到困难的情形时的一种常见反应，有时会毫无缘由地出现。当我在写我的第一本书《内在》（*Inward*）时，经常为大量的忧郁情绪所困扰，有时会持续好几天。写一本书就像要完成一项艰巨的任务，我的大脑会接受这种不安，并反映出悲伤的情感。在那段时间里，我每天都在冥想，所以我内心隐藏的很多需要我去面对的情感，都已经浮现。悲伤集中在我目前的匮乏感上，但这些沉重的情绪比当前的情绪产生得要早得多。当疗愈开始时，强烈的情绪是由现在触发的，但你的感觉实际上来自你的过去。后来我意识到，每次悲伤在我心中升起时，我的头脑只是在清理自己。在那段时间里我坚持冥想，帮助自己更有效地处理所有从孩提时代就在潜意识里挥之不去的悲伤。无论是在日常生活中还是在冥想中，它都成了我不得不面对的东西。这种转变是随着时间的推移逐渐发生的。当它出现时，我会感受到它的重量，并接受它。随着时间的推移，它的重量感减轻了。我偶尔还会感到悲伤，但已经不像以前那样势不可挡了。

不止一次地，放下

当旧有模式妄图把你拉回过去时，请放下

当故事在你的脑海中疯狂出现时，请放下

每次你试图给自己带来额外的麻烦时，请放下

在重复中疗愈，宁静的感受会变得熟悉起来

放下，本质上是对当下的一种深刻的接受。为了能够接受现状，我们必须放弃对所希望事物如何发展的控制。放下的转变过程，是一个循序渐进的过程。我们必须慢慢地训练自己停止活在过去，把我们背负的情感包袱放在一边。即使我们疗愈了自己的过去，它也会继续作为潜在的途径出现，导致我们回到旧有的行为，但随着我们越来越适应现在的模式，就可以将我们的关系，转移到当困难发生时不断出现在我们脑海中的选择上。这并不意味着抑制或忽视过去。随着时间的推移，以旧有模式行事的吸引力会减弱，因为我们不断选择以新的模式行事，更尊重现在而不是过去。我们如何集中我们的精神能量，决定着我们会拥有怎样的未来。

在没有意识到的情况下，我们倾向于抓住任何紧张感不放，而不是放下。作为人类，最大的斗争之一是，我们发现自己处于一个不断积累的过程中，每次我们做出反应时，行为和感觉的方式都深深地印在我们的潜意识里。无论是由严重的外部的情形引起的紧张，还是开始由一个虚构的故事充斥我们的脑海，我们的第一反应不是让自己回到现实，使用我们的精神能量重新获得平衡。相反，我们会陷入一个循环，我们用紧张来遮盖已存的紧张情绪。

我们的大多数反应都是冲动的。当情绪被触发，我们很快就会去“喂养”它们，让它们变得更强大，而没有意识到这种行为只会强化未来类似情况出现时的感受。一次又一次，我

他们自己能做出改变。他们的改变也只能来自他们的内在。你可以鼓舞人心，但不能替别人走他们的路。

认为压力的唯一来源是外部是一种错觉，我们都会陷入这种错觉，直到我们将意识转向内部，密切关注我们大脑的运行方式。他人虽然会对我们做一些刻薄或者有害的事，但我们对正在发生的事情的感知和反应的方式，取决于我们自己的大脑。我们反应的强度决定了自己压力水平的基调：反应越大，压力也越大。如果我们的过去充满了压力，那就会导致压力反应变得更容易被触发。当这种情况发生时，看起来很小的事情就会引起不成比例的失控的压力反应。

对你生活最大的改善来自你对自己的改变。因为你所经历的压力的大小取决于你反应的强度，所以你能控制的唯一解决办法就是改变自己。不断地指责别人永远不会让你的压力消失。你通往幸福的唯一途径，是培养更强的自我意识，以及关于人类状况的更多智慧。放下的一部分是认识到我们是过去的产物。因此，我们的情绪冲动通常对我们的思想、言语和行为有很大的影响。通常情况下，别人的所作所为与我们关系不大，而与他们当前的感受和他们自己长期以来的情感历史的浓厚程度有很大关系。

当你意识到挑战本身并不是最难的部分时，一切都变了——最难的是你对挑战的反应，这让你的大脑充满紧张感和挣扎。在你能让自己自由之前，首先需要明白你是如何让事情变得更难的。我们中的许多人都没有意识到我们是如何陷入被动循环的，总是让外部事件决定我们的感受，而没有完全接受一件事，即我们真正的力量来自训练我们大脑的观察能力。如果你花更多的时间观察而不是反应，就会开始注意到反应的消失意味着紧张感的消失。没有反应，本质上是一种深刻的放下的能力。如果你一生都在反应，就不要指望你的观察能力一夜之间就能得到完美的磨炼。打破一个重复了无数次的习惯需要时间和决心。

认为你自己是无法控制自己的精神状况的这种被动信念是亟须摒弃的，影响你情绪的最重要的部分是反应。感受到不好的反应会让你感觉更糟。不喜欢某事的反应会让你变得愤怒。反应创造了一团混乱的头脑里的火，然后不断地给那团火加油，让它变得更热、更大。当你明白了内心的烦恼有多少是基于不受控制的反应时，你就会开始明白，管理自己的反应是如何帮助你改善生活的。管理反应并不意味着压抑情绪。对自己完全诚实意味着接受你所有的情绪，而不排斥那些难以接受的情绪。但管理你的反应确实要求你在事情变得棘手时，对头脑中发生的状况有更微妙的理解。

通常情况下，当情绪出现时，我们会允许它们控制我们，然后我们再成为它们。我们让强烈的情绪控制我们的感知和行为。管理我们的反应意味着，当负面情绪出现时，我们要意识到，即使我们有一个最初的反应，也不需要继续保持这种反应。我们可以尊重这样一个事实，即情感是存在的，但并不需要完全成为它。我们没有对它火上浇油，而是专注于观察它，并提醒自己，这种情绪最终会改变，就像所有事物一样。个人转变最大的财富是意识。

一旦你把注意力转向内在，你就会开始看到更多的选择，而不仅仅是重复过去。人很容易把放下复杂化，但这只是培养你看清自己的能力。如果你看不见自己，那就别无他法，大脑只能一如既往地做出习惯性的反应。而能够感知那个微妙的空间，并且把自己从持续的反应中拉出来，会有很大的不同。能够注意到最初的反应，然后花时间有意识地评估内在发生了什么，通过观察你的瞬间情绪，将有助于你平静地做出反应而不是被它们吞没。

改变的阻力

对改变最常见的反应是抗拒。我们希望永葆青春，渴望完美的健康。我们希望爱的人永远不会离开我们。我们希望愉快和轻松的时光永远存在。人类的大脑甚至会忽视改变的可能性，这样它就可以保持美好事物永远持续的幻觉。我们对令人愉快的事物的渴望，有时就是如此强烈，以至于甚至不愿承认艰难时刻正在发生。

抗拒变化之流会给你带来不可估量的挣扎。这就像是在试图逆流而上。你可以花无数个小时来对抗改变，却没有真正的成功——改变总是会赢的。如果你只是简单地放下，让自己随着自然的流动而移动，也仍然会偶尔遇到挑战，但你不会像过去那样增加太多的精神压力。如果你想在自己身上建立和谐的关系，就需要允许自己与这个基本法则和谐共处。接纳改变是减轻并最终根除痛苦的一个途径。改变是将宇宙的弧线联系在一起的真理。

如果你花太多时间害怕改变，就会忘记庆祝它。在精神和物质的宇宙中，一切事物都是因变化的运动而存在的。每一个可以想象到的层面——从原子层面到分子层面，再到精神层面和常规层面——人类每天都在相互作用，都在不断地发生变化。无论我们是否意识到，这种无处不在、转瞬即逝的特性都普遍存在，并影响着现实。如果没有处于变化中的暗流，生命本身就不可能存在。

我们与变化的关系，决定了我们内心的平静程度。我所遇到的最聪明、最快乐的人，都不断地沉浸在变化的真理中。因为持久的重压不再是他们所追求的东西，他们很容易度过生活的起起落落，比普通人更真诚地对待每一刻。

我尊敬的一位冥想老师已经用我也在采用的内观法冥想了50多年。他是我见过的为数不多的，在思考自己的无常时没有明显反应的人之一。他的智慧源于他对自我的超然态度，他专注于用自己的生命作为服务的工具。他超越自我的能力，实际上让他甚至更能与生活和他所处的时刻产生联系。某天一起散步时，我们谈及未来，一个在他去世很久之后才可能发生的未来。用他的话来说，没有悲伤，也没有告诫，也没有在那一刻到来时应该如何做事的执着。他没有追求任何形式的荣耀，也不渴望被人记住。最引人注目的是，他长期的服务生涯所带来的无法言说的幸福，以及他的死亡并不会让他感到任何恐惧。

因为人类的绝大多数的意识专注于常规层面，很容易忘记大大小小的变化总是在发生，而且一定会继续发生。原子层面的快速变化对大脑来说是如此难以把握，以至于很容易被忽视。行星和恒星的缓慢变化感觉如此遥远，它们也很容易被忽视。即使在我们的个人生活中，世事无常也是事后才想到的，直到有重大事件发生，才使这个真理显得不可避免。当我们经历不好的情绪时，我们会觉得它们是永久的，我们对它们的反应就好像它们会永远持续下去，忘记了它们会消退，其他情绪会取代它们。

我们所喜爱的一切事物都是在变化的起伏中形成的。我们珍惜的人，带给我们快乐的时刻，我们感受到的爱，帮助我们疗愈和生活得更好——所有这些都是由改变促成的。如果一切都是静止的，那就没有什么新事物了。我们的生活本身就是变化的产物。

一切都是无常的，无论多么甜蜜或困难。当改变的意识成熟时，它会洗去依附，为爱的存在腾出空间，平静地接受所有事物的产生和最终消失。

的确，当改变带走一些东西时，我们很容易就能意识到（结束比开始更响亮），如果我们想要保持健康的心理平衡，就需要尊重这一事实：爱、快乐和同情——生命中最甜蜜的部分——会随着我们接受变化的现实而变得更加强烈和清晰。与其被动地讨厌变化，不如试着去理解它。变化可能会带走一些东西，但它也是伟大的给予者，让我们充满幸福和智慧。

许多心理斗争都源于对改变的抗拒。当大脑适应了变化，不满和心理斗争自然就会减少。**我们最大的精神敌人之一就是**

对抗变化。我们内心的紧张，很大程度上源于我们执着于保持生活中快乐的部分不变，而这种执着最终会在变化的海岸上被撞毁。

冻结时间或擦除瞬间是不可能的。为了能够完全地放下，更轻松地穿越起伏的变化之山，我们应该培养对连续不断的开始和结束的欣赏。

就像有些人会有意识地去感受感激的时刻一样，花点时间去记住改变正发生在我们的内心、我们的周围，它会不断引起人生的起起伏伏，也会对我们的心态产生积极的影响。既然改变是我们无法逃避的，那除了完全接受它，我们别无选择。

最近有人问我："如果你能用一个词来概括你这一生学到的东西，会是什么？"这是我一直在思考的问题，所以答案就在嘴边，那就是无常。

变化轻而易举地成了我最好的老师，而我对变化的拒绝则是我最大的悲伤来源。在接受疗愈之前，当我不断地逃进快乐的虚假避难所时，我记得只要快乐的时刻过去或聚会结束，我的内心就不会感到安定或满足。为了平息这种消退反应，我会回到我的房间，吸食药品麻醉自己，直至最后昏过去。那时我还不明白，我不断撞上的障碍，是我强烈地避免精神上的不适的决心，这源于我拒绝将变化视为生活的自然组成部分。在那些日子里，直面变化的真相的确让我免受了很多痛苦，但最终，这些痛苦逼着我去寻求一条能让我过上更好生活的道路。我那时没有明白，当你不能接受改变时，一个伟大的时刻实际上失去了活力，因为大脑很快就开始对它的结束感到焦虑。同样，艰难的时刻感觉像是无尽的责罚，因为改变并没有使内心变得平衡，也没有让人明白它们最终也会结束。

在精神和物质的历史上，任何事物都有开始和结束。我们担心生命的结束会毁掉生命中的美好时刻，这实际上是违反直觉的。当我们生活在变化的真相中，一切美好的都会变得更加光明，一切艰难的都会变得更加可以忍受。

真实的你

有一种常见的误解，认为真正的你，只能通过你未经过滤的思想和语言看到，而显现出一个没有经过任何深思熟虑的你。你把自己的即时反应捧上了神坛。因此，你相信它定义了你的身份，揭示了你是谁的核心。事实上，这是完全不真实的。真实的你不是你最初的反应。**真实的你是在你反应之后的回应。真实的你是一个能从过去的束缚中挣脱出来，并基于现在做出真实回应的人。**

你最初的反应是你的过去在显露出自己。不管你是否意识到，你以前的感受已经在很大程度上被隐藏在你的内心。你的感知会通过它们与你过去所感受到的相似性，来衡量你今天生活中遭遇的每一件事。如果你看到或感觉到一些与负面反应相关的东西，那么你现在也会以同样的方式做出反应，即使你对正在发生的事情的评估是夸大和不正确的。对于我们大多数人来说，我们的感知完全为我们的过去所影响，我们的反应试图无休止地重复自己。

我们的思维转变得如此之快，让人感觉好像我们是处于真实中，而在现实中，我们让过去的经历决定了我们现在的感受。有时，当我们被激怒，会觉得自己通过大喊大叫或大声表达我们的沮丧和愤怒这种做法是合理的，但这不是真实的标志。这只能表明，我们陷入了一个循环，我们的头脑中充满了紧张情绪，这种紧张情绪一直在试图保持燃烧。这就是我们需要慢下来的原因，暂停可以帮助我们重新立足于当下。花点时间来处理正在发生的事情，让你的行动与你想要在这个世界上的表现一致。这比你头脑中脱口而出的随机事物更能说明你到底是谁。放下那种冲动的行为决定了你是谁的想法，让自己重新认识到真实是一种需要加强和培养的品质。还要接受你的真实的自我，会随着时间的推移而改变和成熟——你不会拘泥于旧的想法、行为模式和身份。

有意就等于真实。与你的价值观保持一致，与你正在努力培养的自己保持一致，这是真实的最基本的方面，它为真实的你打开了大门。**没有意图，你就会漫无目的。觉察意图，你才能发现真实的自己。**

简单地让过去的自己主宰现在的自己的思想、言语和行为，会让你错过完整的人生。这样做意味着你陷入了一个循环，你在重复过去，强化那些不一定能提高你幸福感的模式。强调过去会让你停滞不前，这在当下可能很轻松，因为过去对你来说是熟悉的，但最终对你没有好处。生命之河想要把你推向变化。

依附

大脑通过允许其大部分动力来自渴望，来对抗自然变化之流动。渴望很快就会变成依附，试图把现实塑造成它本来不是的样子。渴望是对现实的拒绝，让我们专注于想象失去的东西或我们希望事情会如何。当我们对事物以某种形式出现的期待与紧张结合在一起时，渴望就出现了。当我们执着于一个特定的想法，并使我们的"幸福"依赖于它的实现时，就不再生活于当下——相反，我们在努力控制现实。对事物呈现特定方式的持续渴望被称为"依附"。

一个简单的提示：在本节和整本书中，**"依附"**一词既不是一般西方意义上的意思，也不是现代心理学"依附理论"所描述的方式。这里对依附的理解，源自佛陀教导带给我们的意义。

大脑与之斗争的依附源于渴望，正如佛陀在 2 600 年前意识到的那样，渴望是我们痛苦的原因。渴望让我们的内心充满紧张感，让我们远离完全地活在当下。

伤害和依附是捆绑在一起的。当有人说了一些与我们希望他们说的话相反的话——或者更糟糕的是，当我们所依附的东西，因为时间的流逝而不复存在时——就会感受到巨大的痛苦。我们对某件事的认同程度越深，我们的自我就越能抓住它。依附越浅，造成的伤害就越少。依附越深，当它受到挑战或被剥夺时，就会有越多的精神痛苦。人类的大脑不仅仅是获取信息，它还会评估这些信息，并与之形成一种由紧张包裹的关系。大脑不断地创造它所遇到的事物的图像，并将这些图像与特定的叙述联系起来。通过这些叙述的积累，我们最终将现实推得越来越远。当涉及我们所爱之人时尤其如此，因为爱经常与依附纠缠在一起。我们渴望我们所爱之人以特定的方式生活，并做出与我们自己决定的方式一致的决定。我们对亲人的爱，常常为内心想要控制他们的冲动所削弱，即使我们知道真正的爱是支持他们的自由。

我是家里第一个大学毕业的人。在没有任何一位成年人支持的情况下，经历美国高考（SAT）、大学申请、经济援助和学生贷款这些不熟悉的领域，让我感到不知所措，但我还是设法渡过了难关。当我的小妹妹要经历同样的困难时，我想给予她一定的帮助。但我没有意识到，我太执着于帮助她这件事本身了。我的渴望在我们的谈话中表露无遗。我没有很好地倾听她的意见，也没有很好地为她留出空间。她是一个极为聪明和独立的人，但我急于帮助她的渴望，浪费了那么一刻——如果我只是坚持在她真正需要建议的时候提供建议，我们之间可能会变得更加亲密。她意识到，对她来说最好是在没有我的帮助下，自己想办法走完这个过程。她最终被一所很棒的学校录取了。对那一刻的摸索，教会了我对她不该那么迂腐，要平等地看待她——充分认识到她是一个成年人。现在，我们的关系更加和谐了，因为我专注于提出问题，而不是说教。

我们很容易依附，因为我们经常处于一种不断反应的状态，我们的大脑或大声或无声地，对它遇到的任何事情做出尖锐的评估。比如，我喜欢这个，我不喜欢那个，我想要更多这个，让这个离我越远越好，等等。这些快速的判断大多是在我们没有注意到的情况下发生的。我们对渴望的事物有着明显的依附，但我们常常忽略这样一个事实：我们也深深依附于我们讨厌或反感的事物。

依附本身是如此诱人，因为它让我们觉得我们可以有安全感，如果我们把我们渴望的东西留在身边，并强烈地捍卫我们选择的叙事，我们就会感到安全。依附本身是建立在错觉之上的，因为我们创造的大部分心理形象，都是基于不完全真实的叙述。依附有一种诱人的特质，那就是我们的大脑已经倾向于它，所以为什么不继续朝它的方向移动呢？即使它让我们的大脑充满了紧张感，我们还是会继续深入探究依附的状况，看看下次事情是否会有所不同。如果我们得到了这个更好的事物，或者达到了下一个职业里程碑，或者别人只是以我们想要的方式看待我们——带着爱和钦佩——我们就会认为，我们最终会感到高兴。但等待着我们的，唯一能确定的是不满和更多的渴望。依附是一个巨大的思维模式，可以说是最大的模式之一。每当我们创造出另一个包裹着我们身份的心理形象时，就会让这种思维模式变得更厚，更容易反复出现。将依附视为一种安全感，是人类陷入的最大的海市蜃楼。事实上，在依附中，不存在安全感——透过依附，我们只会发现痛苦、困惑和误导。真正的安全感，只有在对无常的深深接纳下，才能找到。

每一种依附都是一种对无常的反叛。我们能真正控制的只有自己的行为，想要事物或他人以一种非常特定的方式存在是很难实现的。显然，我们彼此都在或大或小的方面相互联系和影响，但即使是最富有的人也不能控制周围的一切人和事。依附通常最先在大脑中表现出来，然后渗透到外部世界，试图控制它们。因为一切都在变化，我们几乎没有机会满足自己的每一个渴望。如果我们总是为自己的欲望所驱使，那就会花太多的时间在想象中，而花在当下的时间就太少了。当我们积极地观察内心和周围的真实事物时，存在就变为可能。一种深刻的存在不仅需要自我意识，还需要一定程度的无私，这样你就可以接受正在发生的事情，而不是投射到它上面。

除了了解渴望是我们痛苦的原因之外，佛陀还揭露了我们对完美的依附，以及我们对没有烦恼的生活的深切渴望。生活中的大起大落，大多数都是我们无法控制的，无论我们愿不愿意，波涛总会冲击我们的生活。没有人知道他们的未来会怎样，但我们知道，未来不一定会是幸福的，甚至不会全是愉快的。生命中总有一种不满的成分。不满在现实的结构中是如此根深蒂固，以至于它几乎是不可避免的，除非我们根除无知、渴望和厌恶的根源，否则这些根源会使我们的内心笼罩在紧张感之中。做到这样是有可能的，但这是一个极高的目标，是人类进化的最高境界。生活中的痛苦和不满是无法避免的，但这并不意味着我们不能在变迁中培养自己的幸福感。我们不需要杜绝所有的痛苦，来让生活更快乐、更平静。我们可以一步一步地走这条疗愈之路，并从中受益。

苦难的真相引导你向内探寻，让你想知道苦难是从哪里开始的；有了适当的洞察力，它将指引你了解自己的心理反应。苦难的真相似乎势不可挡、不可避免，但它反映了你自己的力量——它突出了获得真正自由和幸福的潜力。如果苦难是真实的，那么幸福也是真实的。如果苦难源于无知，那么幸福可以源于智慧。如果由于缺乏觉察而加剧了痛苦，那么增强自我意识可以帮助你达到一种精神紧张感较少的状态。

依附阻碍了我们通往幸福之路，让我们的生活中充满了精神上的痛苦。依附和痛苦的真相都表明，放下是我们前进的唯一道路。当然，有些事情是我们可以控制的，但这些事情是非常有限的，比自我想要相信的要少得多。

如果我们想要生活更和谐，如果我们想要获得更多的幸福，如果我们想要与自然步调一致，就需要摒弃这种想法：依附会带给我们安全感和幸福感。唯一真正的前进之路就是放下。即使出现痛苦的事实，一旦我们放下了对事物总是令人兴奋、平静和美好的渴望，我们就给了自己更大程度上的灵活性，这样当生活变得艰难时，我们就不会感受到太多的精神上的痛苦了。

通向安全感的光明之路便是放下，尽管这看起来有些矛盾。当你不再依附任何事物时，被伤害的途径也就不复存在了。当你不再依附任何事物时，幸福就会时常出现。放下并不是消极或冷漠——实际上，它会帮助你过上更积极的生活，除非现在你就生活在无常的真理之中。是的，有些事和你所爱之人，总是处于变化之中。他们会和你在一起一段时间，但终将离开，就像其他事物一样。如果我们接受变化的真相，放下就会变得更加明确。我们可以享受身边的事物，只要有可能，我们就能提供帮助和服务，但我们不会期望任何事情会永远持续下去，尤其是目前存在的事情，因为持续存在是根本不可能的。

我们也可以为未来制订目标和计划，但不要期望在特定的时间内实现所有的目标。当我们不再与变化之真理做斗争时，放下我们的依附感也会显得更自然，并且，在放下的过程中，你对你所珍视的一切的爱将变得更纯粹，因为控制因素将不再占主导地位。当无论我们走到哪里，都不再背负因渴望而不断增长的精神形象包袱时，平静的感受就可能浮现。在没有意识到这一点的情况下，我们正因为存在于一种对当下的判断状态而使自己不堪重负。这些精神上的渴望就像头脑里的石头一样。如果我们能认识到我们所坚持的是什么，就有机会去放下了。

自我的控制

自我在生存环境中非常有用，因为我们想要保护自己和身边的人。但是，一旦我们过了那个阶段，自我就会成为一个巨大的障碍。自我带给我们一种刻板的自我意识，并希望别人以某种特定的方式看待我们。自我努力理解不同的意见和观点。内心冲突的一个常见原因是，当我们亲近的人做出了我们自己不会做出的选择时。我们最初的冲动是想让他们像我们一样思考。自我从一致性中获得一种安慰：当我们的家人、朋友和同龄人都对什么是对什么是错持一致的观点时，我们会感到因安全而产生的愉悦感，并确信我们的观点是正确的。自我会试图说服他们，以我们认为正确的方式行事或做出决定，从而使我们的行为看起来似乎像是为了满足他们的最大利益，但实际上，这只是我们的依附之不灵活性导致的，只是在试图让他们符合我们认为正确的观念。

你渴望身边的人像你一样，像你一样看世界，像你一样思考。你的渴望加强了自我控制的冲动，限制了无条件的爱的流动，而无条件的爱才能使这种联结深入而富有成效。爱散发着包容差异的安全感和自信。爱也会帮助你承认错误。它明白我们所爱之人的复杂性，控制的想法永远不会让他们离我们更近。

人们可以得出无数的观点和结论，这意味着让别人像我们一样思考，或者像我们希望被看待的那样看待我们的依附，这是永远不会实现的。观点和意见总会有分歧，部分原因是不同的视角和不断创造的细微差别，扩充了我们的观点。抽离我们自己的视角是一种需要培养的有用技能，因为它能让我们更容易理解别人是如何看待事物的。支持我们内心平静的唯一选择，是找到一种平衡，让我们活出自己的真实，而不是试图去塑造我们周围的人。我们当然可以向人们提供自己的观点，这甚至可能影响他们的决定，但任何建议都最好是在没有控制意图的情况下提出的。记住：你可以要求某人以某种方式出现在你面前，但你不能强迫他们做任何事情，这必须是由他们的意志而达成的自愿协议。

放下需要时间

能够消除这些不断出现的旧反应，并在我们的行为中开辟一条新的路，这是一条漫长的道路。通常情况下，我们积累的条件反射会越来越密集，并像很久以前的硬化沉积物一样堆积在大脑里。不知不觉中，我们把这些厚厚的混凝土层当作了思维模式，一直影响着我们。疗愈和放下是完全有可能的，但最好是现实一点，对于我们内心有多少东西，需要多长时间才能完全重塑大脑的思维运行模式要有心理准备。能够从一个全新的视角出发，重新审视旧的问题，这不是一朝一夕的事。没有耐心的疗愈是不可能完成的。我们必须接受放下是一个循序渐进的过程。

如果痛苦很深

你将不得不一次又一次地

将它放下

放下不是一蹴而就的；它是一种需要不断重复才能变得强大的习惯。有时对痛苦的反应是如此之深，以至于我们必须反复观察并释放紧张，才能完全弥合伤口。特定类型的行为模式是如此根深蒂固，以至于在我们的疗愈过程中，可能会觉得同样的问题不断出现，需要我们去解决。我们甚至可能会感觉自己并没有因为这些持久的模式而取得进步，但实际上，我们只是得到了释放同一物质的更深层次的机会。

放下的目的不是消除情绪，而是承认它的存在，并转变你与它的关系。在开始疗愈之前，我担心悲伤情绪会一直存在，但一旦我开始接受无常之真理时就明白了，是的，悲伤已经出现，可能会停留一段时间，但它不会永远持续下去。当你明白了它只是路过而已，就能让它变得更容易忍受，而很少成为一个会引导自己日常生活的因素。当一种不好的情绪经过时，如果能够放下，将有助于我们接受不好的情况。

当你以完全接纳的态度，观察内心发生的事情，并记住生命的每一部分都是无常的，放下就会达到更深的层次。特别是在大脑中，在已经存在的紧张感上增加更多的紧张感，只会让事情变得更糟。当你无条件地接受紧张情绪时，它就有了自然展开和释放的空间。卸下和面对过去伤害带来的精神负担从来都不容易，但这是可能的，尤其是当你准备好进行一次巨大的转变时。

了解事实

一种常见的恐惧是，放下可能会让你变得被动。我们常常为痛苦和恐惧所驱使，以致很难想象有其他的生存方式。事实上，放下不会让你变得迟钝，也不会让你变得容易被打败。它所做的是重新配置你的思想，这样你就不会再把过去的沉重负担带到现在。如果你想要重新夺回你的力量，其中一个重要的步骤，就是要意识到，你因为过去的伤害和对未来的恐惧已经放弃了多少力量。其他关键的认识包括：

你沉重的精神负担消耗了你的很多精力。抵抗、压制或对抗的情绪会暗中消耗你的储备。生活在不断的内心斗争中，像对待敌人一样对待自己，会让你远离最佳状态。任何精神上的紧张都会自动消耗能量，当额外的紧张被消除时，你会感到一种新的生命活力。

事实上，放下可以通过净化你的感知而使头脑变得敏锐。放下可以帮助你看到你所处的当下，而不是让过去的镜头主宰你感知现实的方式。清醒的头脑和明亮的眼睛，会为更明智的决定腾出空间。放下得越多，你做出明智和真诚行为的能力提升越明显。

放下并不意味着你放弃了目标。当你能够放下过去，不再害怕未来，也就能更好地意识到当下，这将帮助你更有效地集中注意力和思考。当过去的压力不再限制你的创造力时，你实现目标的最佳策略将更容易实现。放下急于求成的渴望，这会让你更加适应完成任务的过程中新的、困难的事情。如果你想成就一番大事，就需要为漫长的旅程做好准备，并能够在途中调整你的策略。

放下并不能消除那些已经发生过的艰难的事。关键是要释放你对这些想法的沉重依附。即使在深度疗愈之后，这些记忆仍然会不时地出现，但当你对这些旧的记忆的反应不再像以前那样强烈时，你知道你的努力已经产生了影响。作为胜利的标志，你可以让艰难的想法和情绪过去，而不让它们主宰你的思想或控制你的行为。

放下并不会让你变得冷酷无情。放下实际上避免了以自我为中心，它让爱以更加无条件的、更加强大的方式展现。当你的内心为紧张和渴望控制所消耗时，会难以很好地爱自己和他人。爱在当下被分享时最闪耀。当你让自己经历了放下的过程，你就能更好地接近此时此地。

最终，放下是一种清晰的精神状态，你不再给自己增加额外的痛苦。明白你可以从放下中受益是至关重要的，但是，下一步是找到适合你的方法，这样你就可以开始你自己的深层疗愈工作。想要放下一些东西，和在这个过程中拥有支持你的工具，是完全不同的两回事。

反思

你在以什么方式让事情对你变得更困难？

你需要放下什么，尽管这会使你受伤？

坚持到底会让你感到安全吗？

你担心学会放下以后，生活会成为什么样子？

你还需要接受什么，才能完全放下？

你和变化的关系是怎样的？

当你抗拒它时，你看到你的大脑中是如何爆发紧张感的？

你有没有给自己足够的时间去放下？

既然放下也需要有意的努力，那么你为主动放下腾出空间了吗？

你的自我想要控制吗？

你的过去对你产生的反应有什么影响？

你是否给予了自己足够的时间来有意识地回应生活，而不是让你的过去通过你的反应来说话？

第四章

找到适合你的练习方法

我开始内观冥想，因为它无疑为我的朋友萨姆提供了疗愈，但当我明白这是一条解脱之路时，我被它深深打动了。

在我十几岁的时候，我作为波士顿青年组织项目（BYOP）的领导者之一的经历让我认识到，一群人的力量可以多么强大。那是我第一次理解了集体解脱的思想。但内观的内在解脱思想，专注的是消除导致个人内心痛苦的渴望。获得这种对个人解脱的新理解，为我带来了一连串的内部联系。这就是我所缺少的东西。我知道和一群人一起为一个共同的目标工作而产生的力量是多么强大，但我个人从来没有从经常在我脑海中强烈流淌的紧张情绪中，得到过任何缓解。

在 BYOP，我们解决了许多全市范围内的问题，从改变辅导员与高中生互动的方式，到让城市为年轻人提供免费公交卡，再到在城市预算中为高中生的暑期工作争取更多资金。我们对聚集人民、赋予他们权力，并在我们的城市做出切实的改变并不陌生，但所有这些胜利从来没有渗透到我的思想深处。这些从来没有帮助我处理我内心的悲伤和焦虑。任何外在的成功都无法疗愈我的心灵。帮助别人当然感觉是对的，但我还没有找到一种方法来缓解我的精神压力。尽管很困难，但在最初的 10 天静修之后，我感觉我的心灵比以往任何时候都更健康、更轻松，我知道我对解脱有了不同的理解。它也扩充了我最初的视野，即集体外部解脱的力量。

也许如果更多的人认真对待他们的疗愈，并使自身得到解脱，那么我们也可以治愈创伤，为世界带来更多和平。

对我来说，这种练习帮助我实现了疗愈目标，使我在解脱的道路上向前迈进，并鼓励我成长，而不会让我感到不知所措。

适合你的道路，不一定是别人需要的。对一个人效果很好的东西，可能并不适合另一个人的大脑——甚至在特定的时刻是错误的。疗愈需要你找到适合自己的方法。因为我们都有相当独特的条件反射，疗愈自己需要独特和个性化的方法。即使两个人使用同样的方法，他们在这条道路上前进的速度，以及他们经历的情感历史的展开、疗愈遇到的困难和成功，也都会是独一无二的。

如果学会放下，每个人都能拥有更平和的心态，但放下的过程因人而异。每个人都会有反应，每个反应都会在头脑中留下印记，但是，有很多不同的方法来解开、释放这些旧的思维模式。

幸运的是，今天有大量的疗愈方法，这些方法比以往任何时候都更容易获得。疗愈、个人成长和内省已经变得如此普遍，以至于能感觉到，我们正在经历人类新复兴的开始。在有记载的人类历史上，还有哪一个时期有如此多的人积极地建立自我意识和内心的平静？有没有一个时期，有这么多人一直在反思他们的过去，并寻找方法来弥合个人和历史的创伤？今天拥有比以往任何时候都多的人，在花时间专注于内省的追求。

生活在全球化世界的一个积极结果是，现在来自不同文化的最佳方法被更广泛接受。许多技术已经在它们的发源地开发和完善，现在正在向世界各地传播。我们还生活在这样一个时代：心理健康的重要性已超越特定地区，成为全球性的问题。关于心理健康的讨论一开始可能是为了提高人们的意识，但现在它们正在促使人们深入地审视自己并参与自己的疗愈过程。

我们不仅能更开放地接纳自己的不完美，也能在很大程度上接受自己的创伤，尤其是旧伤。我们中的大多数人都能感受到过去对现在的压力，我们正在寻找方法来缓解我们心中的紧张，因为我们知道这样做会改善我们生活的方方面面。围绕心理健康的污名正在减少。我们不需要像我们的父母过去那样隐瞒我们心中面对的困难。社会现在更欢迎那些更深入的对话，这些对话涉及我们的大脑需要什么才能从简单的生存转变为蓬勃的发展。

无论是疗愈自己，还是寻求在特定的方向发展你的性格，拥有一个接纳成长的心态不再罕见。

值得注意的是，在创造更系统的可及性方面，我们还有很长的路要走，这样疗愈就不仅仅是那些有钱有闲人士能追求的专利，而是所有正在遭受痛苦的人都能享有的，无论他们的经济背景如何。在尊重创造和维护这些目前正在世界各地传播的做法的传统方面，我们还有很长的路要走。

一旦你找到了适合你的方法，我相信你会经历彻底的解脱，甚至是兴奋。最终找到一种能带来实际效果的方法，是相当令人兴奋的。让我们的热情引导自己，让我们的朋友和家人知道我们已经找到了一种真正有效的方法，这没有什么错。与他人分享好东西是值得称赞的，但我们需要确保不是自尊情结在作祟。自我可以迅速抓住一个好东西，并用它来创造一个虚构的等级制度，即你认为你的方法比其他人都好，相信你的方法是所有人疗愈的唯一方法。事实并非如此——你的方法可能对你很有效，但它可能不适合别人，甚至可能连你自己在将来某时也不再需要它。

对找到你的方法的一些提示

如果你在搜索引擎上搜索如何治疗焦虑，可能会得到超过一亿条结果。好的一面是，有些东西在那里等着你；坏的一面是，有这么多的选择会让你不知所措。一些流行的治疗方法，包括一对一的谈话治疗、团体治疗、精神病治疗法、瑜伽、正念、简易或复杂的冥想。在这些实践方法中，你会发现很多风格。最重要的是，还有更多的疗愈方法，人们从中得到了真正的效果，这些方法是新开发的，也是不同技术的结合。

在你开始你的寻找之前，需要问自己一些问题：我的治疗目标是什么？我需要解除和释放哪些思维模式？我有兴趣尝试哪种类型的练习？有一个目标可以帮助你缩小范围，让你的头脑对它将如何发展形成一个清晰的认知。当你尝试不同的方法时，你需要自己检查，并自问："这种练习能帮助我朝着目标前进吗？"

适合你的练习应该是你觉得具有挑战性，而不会让你不知所措的。你必须找到自己的最佳位置，在这个位置上，有足够的练习难度，可以帮助你成长，但也不要太难，以至于太多沉重的模式和旧的情绪一下子全涌上来。这些可能会让你感到不知所措，从而停止这个过程。关键是要确定一个能满足你的条件反射的练习。你也会知道有一种方法是适合你的，因为你会觉得没有在浪费时间。最大的迹象是你的直觉会起作用，你会觉得这是你需要花时间去做的事情。

当你开始探索不同的实践方法时，如果你尝试的第一种方法并不完美，也不要气馁。

对大多数人来说，要花点时间并抱持开放的心态才能找到有效的方法。你尝试的一种方法可能会把你引向另一种方法，最终，你的直觉会清楚地告诉你："就是它了！"

还有一件需要考虑的事情是，一旦你开始了你的疗愈工作，可能会发现在某些时候你已经准备好更深入、更自然地寻找一种新方法，它可以帮助你挖掘那些不明显的旧伤害。

在你的疗愈之旅中，直觉会成为你要遵循的主要指南针。许多人可能会试图给你建议，你也可能会在网上看到不同的内容，但如果你的直觉与你正在做的事情不完全一致，这就是它不适合你的一个明显的迹象。人们对直觉的解读不同，但对我来说，这是一种平静的坚持，它显示出一种认知，而不是一种渴望。它更像是身体的一个整体意见，坚定地指向一个特定的决定，这不同于我们在脑海中所渴望的精神上的喋喋不休。直觉只是知道，而且传递的信息不带有紧张感。通常情况下，这些信息会平静地持续下去，直到我准备好倾听它的建议。

对我来说，重要的一课是看到我生命中的人们，通过走不同的道路来改善自己的生活。我的家人和朋友从治疗中获益良多，有些人寻求精神病治疗法，发现它非常有帮助，还有许多人练习冥想技巧，而不是我练习的内观的方式，他们在个人发展中取得了很大的进步。每个人都有不同的成长目标，并寻求治疗他们所特有的关于条件反射的问题。人们以自己的速度前进，接受他们以为已经准备好应对的内在挑战，这没有什么错。

我们如何前进——以及我们选择走多少步——取决于我们个人的条件反射情况。重要的是，帮助是存在的。在我们的个人发展中，向前迈进比以往任何时候都更有可能。

训练有素的帮助总是值得的。没有必要尝试重新发明轮子或自己做所有的事情。寻求帮助是疗愈的重要组成部分，很好地展示了内在的坚韧。如果你想学习如何冥想，就向训练有素、经验丰富的导师学习。如果你想用智力和语言来处理你的情绪，就去看治疗师吧。依靠有经验的人，只会让你的疗愈之旅更富有成效。

要警惕那些承诺快速见效或奇迹般效果，并说它们会为你做所有内在工作的疗法。我们的社会沉迷于快速的结果和包治百病，这种心态很容易渗透到我们的疗愈理念中。真正的疗愈绝对可行而且足以改变生活，但这需要时间——伟大的转变通常是你必须为之努力的事情。这并没有什么错。

另一件需要注意的事情是你自己的怀疑。怀疑是你的旧模式试图为自己辩护的方式之一。头脑的条件反射只想一遍又一遍地重复过去，它会试图拒绝新事物。当你寻求一种新技术时，一定要以公正的态度试用它，并尝试几周，这样你就能真正评估它是否让你的大脑感觉更轻松或更清醒。如果你一遇到困难就放弃，就将无法正确地评估一项实践方法是否适合你。给自己一些时间，看看它是否适合你。

其他人可以向你展示如何使用一种技术，或者告诉你如何建立自我意识，但这些都比不上你通过自己的努力，重新获得能量和激活你被赋予的天赋。在一天结束的时候，你是唯一一个可以在你自己的疗愈之路上向前迈出一步的人——没有人可以为你做这件事。一个认真对待深层疗愈的人，是不怕其中的长途跋涉的。

一旦你开始了放下的过程，并找到了一种让你的内在更顺畅流动的方法，深刻的变化就会开始。了解自己启动了一个转变的过程，能够帮助你从一些固有的不良习惯中收回你的能量，并将这些能量归还给你的本我。

反思

到目前为止，你尝试过哪些方法？

你听说过什么治疗方法是你一直想尝试的，而且你的直觉也认为它适合你？

有没有感觉到什么是正确的，你应该投入时间和精力去做的？

你想从疗愈的方法中看到什么样的结果？

你在怀疑自己做这种严肃的内在工作的能力吗？

你意识到你能走到这一步，已经有多强大了吗？

你为每天的疗愈留出时间了吗？

第五章

习惯与天性

西方世界长期以来对人性持一种悲观的看法，认为人类天生是自私自利的，为贪婪所支配，并假设我们的核心是首先考虑自己，其次才是考虑他人。这一假设被广泛接受，它极大地影响了西方国家和公司在宏观层面与微观层面的合作方式。

贪婪作为个人内在动力的想法是如此强烈，以至于被人认为“贪婪是好事”——1987 年的电影《华尔街》(*Wall Street*) 中的名言——仍然是美国的一种文化基因，表达了许多人对利己思想和行为价值观的看法。

从表面上看，人类似乎天性自私。人类历史揭示了无数由贪婪引发，并导致巨大伤害的集体行为的实例。为了扩张权力而进行的战争，把人们的土地变成财富来源的殖民统治，将奴役和非人化作为产生利润的一种方式，巨大的贫富差距——不乏案例能说明贪婪是如何引发最终造成破坏的行为的。现实世界在很大程度上仍然为这种关于人性的旧观念所控制，无休止的逐利行为正将全球气候推向危险的境地就是明证。

即使在个人层面上，信任危机也普遍存在。“陌生人是危险的”这个想法仍然很普遍，因为人们担心他人的贪婪或恶意会给我们带来伤害。因为我们彼此不了解，就更不容易信任对方，只关注我们自己和身边小圈子里的人的利益。

毫无疑问，贪婪是真实存在的，而且它对我们在团体和个人层面上的互动方式产生了明显的影响。但是，如果认为这是人类真实而唯一的本性，并对此无能为力的话，就反映出对人类意义的肤浅理解。它带有一种失败主义的语气，不相信人类强大的改变能力。

贪婪是人类的本性，这种想法确实来自理性的出处。贪婪和厌恶是人类思想、言语和行为的巨大动力——佛陀在他的教导中清楚地指出了这一点，但这并不是我们的全部。从表面上看，这可能是人类真正的本性，因为它目前在整个世界上蔓延。但事实是，贪婪是一种条件反射的惯性，只是很容易被误认为是人类的本性。贪婪深深扎根于大脑中，但它和其他思维模式一样——可以被观察和释放。

曾经被广泛理解为人类本性的方面——贪婪、恐惧甚至憎恨——根本不是我们的本性。这些显著的特征是人类的习性，是过去几代人和过去的经历留给我们的条件反射引发的行为。我们所承受的创伤，以及一生中盲目的反应方式，往往源于生活中更艰难时期经常被唤起的挣扎，而我们则处于生存模式中。归根结底，人类的习惯就是生存模式。人类的习惯不是永久性的，也不是我们的核心。真正的人性是在所有阻碍我们成为最好的自己的思维模式、旧的痛苦和困惑之下闪闪发光的东西。真正的人性是爱、清晰的思维、创造力和对生活的热情，这种热情来自过去，但不再为过去所拖累或控制。

我们生活在一个全球性疗愈的新时代的早期阶段。人类历史上从未有过如此大规模的了解疗愈的时代。我们所处的时刻完全是前所未有的。纵观历史，一直有个人和群体试图把世界变得更好，他们扩大权利，为我们的社会结构创造了一个更人性化的设计。但这是第一次个人也能广泛地获得疗愈的时期。活在今天的许多人，继续尝试努力把世界变得更好，但是，现在我们也有方法，可以在帮助我们改造世界的同时，也实质性地改造我们自己。这将是变革者能够解除他们的人类习惯，有机会更多地接触他们的人性的时代。

如果我们扩大对个体的疗愈，并将其放大数百万倍，它将导致我们对人性定义的理解发生文化上的转变。这并不取决于我们说了什么，而是取决于我们在日常生活中的表现。人类习惯的层次当然很厚重，它们不容易被克服，但是，耐心、刻意的行动和良好的治疗方法，都可以让我们解开它们的束缚，足以让真正的人性脱颖而出，发光发热。

在剥去主宰我们生活、阻碍我们获得幸福的贪婪和恐惧之后，我们会成为什么样的人？我们接受了过去的痛苦，并开始深层疗愈之后，会有怎样的感受和思考？当我们不再被自私主宰时，我们是谁？当一个人不再背负如此沉重的负担时，会是什么感觉？

要知道，即使是那些做出过恐怖行为的人，也不会完全迷失或永远危险。每个人都有一种与生俱来的能力，就是可以进入一个变革的过程，让自己摆脱伤害他人的行为，停止不利于个人幸福的模式。另外，你性格中最粗鲁的方面，也并不能完全定义你是谁。外壳可能很厚，倾向于产生有害或防御性的行为，但是，外壳的下面有一个巨大的爱的清澈的水池，等着你接近。如果你做了这项工作，你真正的人性之光就会显现出来。

了解你的天性并不容易。我们都有如此不同的条件反射，使得我们无法将自己的个人旅程与他人的进行比较。我们当然可以从别人取得的进步中受到鼓舞，但我们不能期望在同一时间线上移动，也不能期望为别人工作的工具以同样的方式为我们工作。真正有用的是，放下和疗愈之路不再是一个谜。你只需要走出去，找到一种适合你的方式，来帮助疗愈你的旧有创伤。

放下是一场宏大的斗争

即使你知道这绝对是有必要的

为了让你过上更好的生活

与过去决裂真正成为一种突破

一种结束

拒绝返回旧有模式的不断重复

直到你决定转向新的方向

人类的生存习惯

大脑的默认模式是生存，这意味着它主要由恐惧、渴望、厌恶和以自我为中心驱动的——这是人类习惯的最初层面。这些习惯源于基因编码的进化方向，以帮助我们保持安全和生存足够长的时间，并延续我们的基因。谨慎和贪婪有其生存优势。但在现代社会，仅仅为了生存而生活是非常局限的。当你训练心灵去观察事物的本来面目时，去接受现实，而不在现实中投射你的情绪，并且不要试图控制它，幸福就会变得更容易获得——这就是你该如何敞开心扉，打开人性之爱。幸福需要有意识地行动、疗愈、放下，并教会大脑安于当下。

只有你自己去努力，才能激活你的幸福。

花点时间想想你上一次感觉到的负面粗暴情绪，如愤怒、焦虑、压力、恐惧、担心或悲伤。是否有外部事件或诱因导致它们出现？在类似的情况下，你是否发现自己在重复这种思维模式？同样类型的情况会让你产生相似的反应吗？我们一次又一次地陷入这些循环，这只会在我们的潜意识中更加固化它们。通常，当我们发现自己处于无法控制一种境况的处境时，这种情况就会发生。作为一种保护自己的方式，我们会立即回到人类的习惯中。了解你的模式，并意识到什么类型的情况会触发它们，消耗你的能量。我们的知觉中充满了过去的信息，所以我们经常将新的经历与旧的经历相匹配，这样我们的大脑就能理解正在发生的事情。每次我们这样做的时候，都创造了一条路径，让自己以过去的方式做出反应。人的习惯本质上是思维模式的总和，而真正的人性是一种不再受思维模式支配的思想。它仍然包含过去的信息，以帮助你做出正确的决定，但这些信息不再是命令。相反，你现在倾向于观察正在发生的事情，而不是立即采取防御姿态的行动。

如果保持原有的模式，大脑将继续它的反应，让你在“自动驾驶仪”上运行。大脑最了解无意识的重复，尤其是在困难产生的境况下。这让你一直处于生存模式，在这种默认情况下人们往往会采取盲目的行为。

人类的习惯往往处于一种混沌的状态，反应是既快速又盲目的。我们不明白为什么某些模式在我们身上占据如此的主导地位，为什么我们花更多的时间在某些情绪上。当你的内心世界对你来说仍然是一个谜，尤其是当你觉得它是一个你还没有准备好去探索和解开的谜团时，你仍然为你的人类习惯所控制。在人类习惯的状态下，我们很难知道自己想要做什么，也很容易把我们从社会、媒体或父母那里获取的东西，误当作自己的真正愿望。虽然现在听起来很奇怪，但在我开始疗愈之前，我曾考虑过成为一名投资银行家。我认为这也许能快速解决我家的贫困问题，但这只能解决表面的问题。我现在知道，如果我走了这条路，我内心的问题可能会陷入一个更深的低谷。很多人发现一旦他们开始疗愈和接触自己的人性部分，就放弃了他们曾经的旧目标，因为这些目标从一开始就不是他们自己想要的。一个人隐藏在旧有习惯之下的真正愿望往往更有创造力，更致力于为他人服务，更专注于改善社会状况。事情的另一方面是，你不需要辞职来认真对待你的疗愈。我的妻子萨拉就是一个很好的例子：她继续做着设计实验的科学家的工作，尽管她成了一名成功的冥想者。每个人都需要找到最适合自己的方法。

你不需要像安圭里马拉那样完全解脱，才能经历深刻并改变人生的转变。即使是一点点对自己的疗愈，也会彻底改变你的生活，帮助你找到与你的直觉完全吻合的真正的愿望。

当我们的思想集中于太多的过去和未来时，人类的习惯就会在我们身上普遍存在。由于人类的习惯与生存密切相关，我们对过去的记录，将成为我们用来评估世界的主要过滤器。我们不会以一种全新的方式、不加判断地接受正在发生的事情，而是会迅速做出评估，没有耐心去充分把握每一个时刻的新奇和复杂的品质。我们对未来的想法同样会受到过去发生的事情的影响。我们用焦虑和担心来确保过去讨厌的事情不再发生，即使它们再次发生的可能性很小。为了打破因过去的情感伤害而陷入焦虑的怪圈，我们必须在当下的情绪出现时与它们接触。

真正的人性是基于当下的，许多强大的体验都可以在这里找到：智慧、爱、快乐、治愈、幸福与平静。虽然这些可以通过记忆或想象未来在表面上获得，但要体验它们的全部力量，就必须实时感受它们。当你的注意力在此时此刻时，通往你的人性之门就敞开了。头脑会变得更加稳定，更少地为虚假的叙述所驱动，更容易与平静建立联系。

要想完全快乐和明智，就需要进行心理训练，而大部分心理训练都围绕着充满耐心、不断地把自己从无意义的叙事中拉出来、摆脱被紧张驱动，以及回到现实展开。

如果你不断地拒绝你的感觉，你所忽视的情绪实际上会在你的大脑中变得更强烈，让你试图避免的动荡情绪更加突出。在当下，逃避似乎是正确的答案，尤其是当你处于生存模式时，但当你重复这种逃避反应时，这种模式只会变得更强大。如果你的策略是逃避，那只会让你与自己内心的距离越来越远。一开始，这个策略会让你感到放松，但后来你会觉得你的身心都不再自在了。你和自己内心之间的空间并不是空荡荡的。它很容易充斥着更多由渴望、恐惧、厌恶和误解驱动的叙述——本质上，更多的是创造人类习惯的粗暴顶层的精神物质。当我们不断重复逃避策略时，就会更容易、更自动地陷入其中，即使产生的情绪还没有达到最高强度。通过逃避，我们最终会疏远自己。

真正的人性之美

允许你感受自己的情绪，而不是逃避它们，这是进入疗愈的大门，也是通往人性的道路。当你打破了层层旧有的条件反射时，内在变革就开始了。你经历了一种不再被过去的负重拖累的心灵的复兴。你的眼睛会明亮起来，你的大脑会开始感到精力充沛和充满活力。当旧有的、沉重的情绪出现并需要进一步处理和释放时，你要带着一种新的优雅去处理它们——你只需感受你的情绪，而不需要把你所有的力量都给它们。

疗愈并不能让所有的痛苦都消失，它通常是一个缓慢的过程，需要耐心和决心。让这段旅程值得的地方在于，即使是很小量的疗愈，也能让我们的生活有所不同。当你开始对旧有模式说“不”，并选择更符合你真实感受的行动时，你的人性就会开始发光。如果在一间铺着混凝土的黑暗房间里挖一个小洞，黑暗就不再吞噬一切了。同样地，如果我们继续打破限制我们的旧条件反射的墙，更多的光线将进入，就能够以更广阔、更清晰的视角看到外面的世界。

在人类僵化的习惯层面之下，流淌着丰富的能量和创造力。由于担心、焦虑和陷入错误的叙事导致的循环，太多的能量被消耗了。但是，一个被治愈的心灵有一种纯洁而灵活的品质，让我们从更多的角度看问题，而不仅仅是从我们自己的角度。利用当下的意识来激活你的人性，让你获得更高的精神澄澈度。精神澄澈度和创造力是一体的。

当心灵没有负担时，它就能从不同角度更轻松地剖析情况。它可以超越表面，发现缺失的部分，而不会引起自己的紧张感。一颗平静的心慢慢地变得没有条件反射，摆脱旧的模式，更容易联想到美，找到解决方案。最终，激活你的人性会让你获得全部的力量。你能感受到更多，看到更多，解决更多问题。首先，你甚至会感觉自己超乎常人，因为你的大脑感觉它有了更高级的智慧，其实这只是你自然的、无负担的状态。

天性对每个人敞开

从历史上看，从人类习惯到人类本性的转变并不是什么新鲜事。各个时代的伟大人物都曾利用自省的时期与自由的真理联系起来。通过不断增强的自我意识，他们能够激活自己的人性。这使得天生的、清晰的爱和平静的、创造力的力量，在他们自己的生活中丰富地流动，并为那些遇见他们的人带来利益。通过内省，通过与他们每个人内心真实的东西——也是我们每个人内心真实的东西——深度联结，他们成为拥有无限爱的存在，体验了无我的自由，并能够获得超乎寻常的智慧。

能够无条件地去爱，完全消除内心的痛苦是一种很高的成就。这是可能的，但这是一条需要决心和努力的严肃道路。尽管我们可能还远未达到那种原始自由的水平，但这不应使我们气馁。我们仍然可以将这些成就视为一种激励。记住：我们都有同样的潜力。即使缓慢地进行内省工作，也可以取得进步，从根本上改变我们的生活，使其变得更好。

有很多这样的例子，人们与精神紧张做了激烈的斗争，学会了一种或另一种内省的方法，并从另一端走出来，与他们的人性建立了不可否认的联系。当我们逐渐剔除人类的旧习惯，并真正理解它是由像其他任何事物一样无常的、错综复杂的模式组成时，我们就可以培养耐心，通过建立对生活的新反应来平静地解除它们。

不断地解除那些压在你心里的过往

放下限制你能力的紧张情绪

全心全意地感知当下

疗愈阻止你调整方向的恐惧

带着你的最高目标

这是你继续致力于自己成长的方式

从你的疗愈旅程开始到现在的样子，这种精神状态上的转变很重要。但是支持你成功的精神品质从来都不能轻易获得；你必须耐心构建它们，因为它们将成为你新生活的基础。你通过观察自己而获得的轻盈、清澈和技巧故然需要时间和意愿来建立，但现在它们是你的了。从内心工作中退一步，你就可以看看你已经走了多远，这有助于你正确看待事物，带给你继续前进的动力。更好的时刻已经到来，更美好的日子在路上。

当你做了一些去条件反射化的工作，帮助你的头脑变得更轻松，更少创伤，更少为你的旧习惯所支配，你的天性就会变得更加突出。一个被治愈的心灵的内在品质，会变得更容易获得，但即使如此，它也像刚刚绽放在阳光下的幼苗。这些品质现在可以如幼苗一般呼吸了，但它们还不成熟。当你跨越这个门槛时，重要的是不要期待持续地专注于当下意识的流动，或持续的正能量——生活将继续出现起伏。

要想成为最好的自己，关键在于不断重复。为自己和他人练习爱，爱会变得更强大；把自己从个人视角中抽离出来，看看别人是怎么看待事物的，你会让自己的思维敏捷起来；有意识地为别人的成功感到高兴，嫉妒就会失去力量；花点时间去感恩，最终你的心态会更容易朝着那个方向变化。

当你运用当下的意识，生活在天性的空间中时，就可以获得支持你幸福的品质。即便如此，你也需要花时间来加强这些品质，这样你就可以继续提升大脑中帮助你茁壮成长的部分。当你了解自己大脑的可塑性时，就会有足够的勇气从过去那里收回你的力量。

反思

在你的条件反射性的人类习惯中，哪些方面让生活变得更艰难？

当你与你的天性联结时，内心有什么感觉？

即使当你很难与你的天性建立联系时，你也能坚持下去，并培养出那些能帮你改善生活的好品质吗？

自从你开始了疗愈之旅，你解决问题的能力发生了什么变化？

你看到了更多的创造力流入你的生活吗？

你有信心成为那个你知道自己可以成为的人吗？

在你的生活中，谁是那个在爱之天性的空间中做得很好的榜样？

第六章 情绪的成熟

情绪的成熟是一个宽泛的术语，但我在这里将其定义为“持续地成长”：我们大家都在改善处理情绪的方式的终身旅程，特别是我们如何从过去取回力量，减少精神上的紧张感。情绪的成熟并不意味着完美。相反，它是关于在我们的疗愈实践中取得进展、建立自我意识和同情心，以及不再像遇到困难处境时那样出现强烈的反应了。增强你在以上任何方面的能力都是值得庆祝的。不要苛责自己没有尽善尽美——重要的是你在旅途中不断前进。

自我意识。当你把注意力转移至内心时，情绪的成熟就开始了。培养这样一种能力：在人生的变迁中审视自己，而不是逃避或压抑脑海中出现的想法。这将立即增强你对自己的了解。

自我意识增强的迹象

能够感受到自己情绪的出现和消失

接受你的过去，并注意到了它在你现在的表现方式

审视你的大脑在如何处理困难的情境

注意到你的生活中反复出现的行为模式

审视你内在的叙述

通过密切关注这些心理活动，你将打开能改变你的生活的学习类型的大门。你能够通过彻底诚实的视角来看待自己的能力，是情绪成熟的基础，这种优势会帮助你从积极、清晰的角度来做决定，而不是被动的无意识。

无反应。建立你的自我意识可以增强思维的敏捷性。当你腾出时间活在当下时，当困难的状况再次出现，你的思维就有可能慢下来。并非陷入根植于过去的盲目反应中，而是有意识地停下来，给自己一点时间来看看实际发生了什么。这种暂停的能力并不容易获得，需要练习来加强，但结果是收益巨大的。不做出反应是通往更大的情绪的成熟的媒介。既然你能看清自己，也给了自己时间，就可以更容易地以符合你的目标和尊重你的真实的方式行事。找到平衡——可以诚实地面对自己的感受，不让这种暂时的情绪完全控制你的行为——可以帮助你更好地应对生活中意想不到的变化。无反应本质上是一种耐心的练习。你正在建立的耐心会渗透你的思想，打开你的知觉。而不是通过判断的角度来理解事物，你将能够更好地欣然接受发展情绪的成熟的漫长旅程，它将慢慢揭示并帮助你接受你的不完美。

同情。当你运用你新的自我意识，不再像过去那样应对每一个挑战，对自己和他人感到爱和同情就会变得容易得多。此外，既然你能更好地了解自己，自然也能更清楚地了解别人。当你更好地了解自己时，你为错误而惩罚自己的倾向会减少。当你看到别人在他们的行为模式中挣扎，更多地了解他人，经历他人的情绪起伏时，你会更容易对他人产生同情，因为你也经历过这些步骤，知道这个过程多么具有挑战性。情绪的成熟会让你有力量跳出自己的视角看待事物。能够设身处地地为别人着想，了解他们的处境，是一种积极的同情的表现形式。

成长和疗愈。当你能承认你有很多东西要学习和疗愈时，你的情绪的成熟就会加深。对你的个人发展做出积极的承诺，无论是明确地致力于摆脱旧的创伤，还是专注于培养新的积极的习惯，都会让你进入更深层次的智慧与平静。

最难克服的斗争之一，就是拥有足够的勇气和内心的安全感，来采取一种支持你的发展和心理健康的生活方式。一旦你许下了成长的终身承诺，你的任务就是努力，这样你就能坚持在这条路上走下去。情绪的成熟是一种谦逊和持久的终身实践，因为你明白你的即刻的想法并不总是正确的，它值得你花时间耐心地研究自己行为模式的根源。情绪的成熟主要是一种对与自己沟通模式的改善。这种对自己的持续承诺，也会加强与他人的外部联系和沟通。

逃避是情感成熟的对立面

当你无法处理自己的痛苦或情绪的动荡时，很容易陷入一个把他人当作逃避手段的循环。

花时间和他人在一起，是一种逃避自我的方式。当你感到伤害太重无法承受时，或者当你还没有找到一种适合你的清晰的疗愈方法时，这会是一种常见的行为模式。有时逃避自己是一种无意识的行为模式，你过多地关注外在的事物，而没有足够的自我意识去了解，是什么在推动你的行为。

这种想法不应该推到极端；团体是非常有治愈性的，人类也有相互依存的天性。你应该警惕的是持续性的对独处的逃避。让一个朋友帮你把注意力从一些太沉重的事情上转移开，也没有什么错，但当你的很多人际关系，都是由于你需要逃避紧张情绪所驱动时，这就是你与自己脱节的一个明显迹象。

过去，我逃避自我的方式，是对快乐产生的深深依恋。当我们不知道如何管理自己的痛苦情绪时，这成了一种常见的逃避方式。如果我们感觉难以承受过去，或者我们的逃避模式根深蒂固，就很容易陷入追求快感的不健康的习惯。对快乐的深度依恋，会产生一种严重的以自我为中心的心态。对于一些人来说，他们的逃避机制可能总是与人或工作围绕在一起。对于其他人来说，可能是暴饮暴食、沉迷电视、滥用药物，或任何其他极端情况，让他们沉浸在快乐的感觉中，从而远离现实。

逃避自己的行为会在你的人际关系中产生明显的后果。如果你不能很好地了解自己，就会很难深度去爱和理解身边的人。如果你不能完全诚实地面对自己，就会很难维持良好的自我空间并与他人深入交流。如果你对自己没有同情心，也就很难对别人好。做到完全诚实，虽然一开始很难，但可以通过建立信任和理解来稳定人际关系的基础。

仅仅基于兴奋、快乐和寻求下一段刺激而建立的人际关系，往往是相当肤浅的，同时也经不起时间的考验。全光谱式的关系有享受、深入讨论和分享真理的空间——他们有耐心，每个人都愿意真正地倾听。快乐没有错，但是只为快乐而生活，只会让你感到空虚。

一个由很多人达成的共识是，一旦他们开始建立自我意识，就会发现自己的很多表面上的人际关系是多么肤浅。当你认识到哪些关系你应该投入更多精力，哪些关系你需要放弃时，直觉分析的过程就开始了。当你的内在之光开始变得更加明亮时，你的关系圈有时会变小，但你会觉得准备好了在每次互动中带来更有意识的存在。

当你开始穿越自己的内在风景时，自我意识被激活，智慧之门也打开了。这种对旧有层面的解放，推动了你的发展。你对自己不再陌生的事实，有助于你使你的联结更丰富、更能相互满足。在这个过程中，你常常会建立新的联系，这些联系更符合你的人生道路和价值观。

情绪成熟的迹象

情绪的成熟的一个关键方面，是做出有益健康的牺牲，支持你的长期幸福，而不是你的短期快乐。例如，你给自己时间疗愈，即使这很困难。你为恢复活力的联结腾出了空间，即使你知道你的渴望想要把你拉回对自己不健康的旧有联结。你拥抱良好的习惯，即便感觉它们养成得很慢。你勇敢地持续敞开心扉，因为你知道这是锻造深厚而有意义的关系的唯一途径。你试着用一个全新的视角来看待当下，而不是不断地对过去发生的事情进行评估。

最重要的是，你给自己的是你所需要的，而不是你所渴望的。像对待宝贵资源一样对待你的精力，这会对你的生活产生深远的影响。说“不”会变得更普遍，这样你就可以把时间集中在你的最高目标上。你错过了一些事情，因为你不需要那么多的外部刺激来让自己感到满足。现在你的满足源于你的自我照顾，和从你的疗愈工作中发现的完整感。你确实对健康的人际关系保持开放的态度，但你也会留意那些进入你的核心圈子的人。你花更多的时间休息，这样你就能在旅途中获得成功。情绪成熟的人对他人仁慈并温和，但他们会把帮助自己成长的事情放在首位。这里有一些其他的方法，能让你知道你走在正确的轨道上。

你没必要参与每一次的争论，也没必要对每一个问题发表你的意见。有时你需要为自卫或重申边界而明确表态，但是，少说话能让你的立场更清晰，也能为你知道你的话会产生巨大影响的时刻保存你的精力。通常情况下，说话的冲动是自我驱动的，甚至可能会给现状带来更大的摩擦。在你说话前，要带有技巧，要花时间去了解你的话语来自哪里？是有价值的吗？它是来自一个寻求支配的冲动和反应的地方吗？还是出于一种寻求在两个人之间建立理解的好奇心的地方？你是真的在听别人说话，还是只是计划接下来你想说的要点？

你有很大的决心。在我自己的生活中最大的改变之一是，一旦我下决定必须做出改变，我就会有决心坚持疗愈之路。成长的方式有很多，但每当你想认真走一条新道路时，总会有一个时刻，你必须采取坚定的立场并对自己说："没有任何人或任何情况能阻止我朝这个新方向前进。这么做对我来说是最好的选择，我不会再牺牲自己的幸福了。"这种坚定的决心帮助我成为一名每天冥想的人，也帮助我把写作作为一种职业。

随着你的自我意识的增强，你在面对重要决策时内心的考虑会变得简单，你应该做出的决定也会变得更加明显。当你对自己不再是一个谜时，关于该走哪条路、该把时间花在哪里的斗争，就会变得不那么紧张和费时了。既然你知道自己的抱负，并练习做真实的自己，无论什么靠近你，一旦不符合你的目标，都不会停留得长久。你的自我意识会增强你的直觉。随着你的进步，你就会知道什么是适合你的，什么是不适合你的。

你注意到相似的情绪相互吸引。情绪通常会吸引相似的情绪，在人际关系中，你给别人什么，通常也会得到什么。当你情绪低落，愤怒开始充斥你的思想和行动时，别人就更容易用愤怒来回应你，因为他们觉得这样做是事出有因的。同样，如果你深陷自己的脆弱，并诚实地表达出来，别人就会有机会以同情和理解来回应你。你所表达的情绪，往往会在另一个人身上激发同样的情绪。当人们生气时，他们的情绪通常源于有着深深的恐惧和伤害的地方——某些东西触发了他们的生存需求，并激活了他们作为一种保护形式的人类愤怒的习惯。那些加深了他们的疗愈，培养了他们情绪的成熟的人，更重要的工作是不被卷入当别人试图传播他们的紧张情绪时的不必要的争论。有了精神上的耐心和敏捷，就可以覆盖你通过用自己的紧张，来应对他们的紧张的生存本能。当你用你的自我意识来覆盖你的生存本能时，就是在对人类的习惯说“不”，对你的天性说“是”。从人类天性的空间来看，人更容易温和，更容易看到其他的角度，更容易表达爱，更容易有创造力，更容易有同情心和理解力，同时还能在必要时保护自己。从人类天性出发的行动不会让你变得被动；它使你能够熟练地处理困难的情况。

你越来越有责任感。为自己的疗愈和幸福承担责任是非常困难的，但这是唯一一条通向内心平静、头脑清醒和持续幸福的道路。如果你相信你心中的紧张时刻都是别人的错，那么你就很难感受到稳定的幸福或真正的平静。生命的海洋会把你推来推去，直到你鼓起风帆，冲破阻碍你前进的波涛。毫无疑问，生活中会有艰难的时刻，但你的思想活动不必保持无意识。你对事物的看法，并不总是由过去发生的事情所决定。相反，你可以通过把你的思想从你的想象中带出来，进入你内心和你面前实际发生的事情，来变得更加适应现在。为美好生活打下基础，从你内心发生的事情开始。人们可能会推着你、考验你，但培养出内心平衡的支柱，会帮助你在外界混乱的时候保持坚强。

你学会说“不”。把你的目标放在首要的位置上，这意味着对那些与你的愿景不一致的事情说“不”。这表明你对自己前进的方向有清晰的认识。知道自己真正的愿望会让你前进的道路更加清晰，这样你就不会分心。保持一致是关键，因为你很容易把你的精力用在不支持对你未来最好结果的地方。因为每个人都只有有限的精力和时间，所以和自己进行一次严肃的交谈非常重要，认真地询问自己：我想用我的一生做些什么？我希望10年后内心是什么感觉？我现在需要做些什么才能让以后发展得好？为自己的目标付出更多的精力并不代表你自私。这意味着你非常了解自己，所以你明确地知道什么对你真正重要，你目前正在构建什么。

自我提升的一部分是对好的事情说“不”，以便为真正让你兴奋的工作或机会腾出更多的空间。

不选择退而求其次，是你体现自爱原则的最直接方法之一。实现你的梦想或坚持一个更大的使命在精神上要困难得多，因为低垂的果实更容易摘到。说“不”会让你理清自己的界限，让你找到真正能给你带来最大满足感的东西。

当你掌握了“坦然离开”的力量时，你就是在重申自己真正的价值，打开了你可能还没有看到的大门。如果你内心深处知道你会在几周或几个月后后悔，那么这件事就不适合你。通常情况下，你的直觉会抓住一个适合你的机会——无须过多说服自己或者深思熟虑。你会感觉到“咔哒”一声，知道这作为你的故事的下一篇章要开始展开了。对那些不能带给你荣誉的事情说“不”可能会感觉是一个巨大的风险，但你最好充满耐心继续前进，这样就能遇见正确的人，得到正确的机会。

你保持着谦逊。谦逊就是在向自己承认，你能从个人成长中获益。这是内心力量的明显标志，但这并不容易，因为自我要努力从超越自己的视角去看任何事情。情绪成熟的一个明显标志是，注意到什么时候你的自我急于得出结论，然后又阻止自己做出快速判断。膨胀的自我自然充满了紧张感，它太脆弱了，以至于它无法认清什么时候是错的。知道你还有很多东西要学，有助于你控制自我做出判断。知道别人总能教给你一些事情，这样你就能从傲慢和苛刻的评价中走出来。

自信和自负只有一线之隔。自我总是试图超越它所理解的范围，对遇到的每件事都进行评估，即使我们对这个人、这个主题或这种情况知之甚少，无法做出适当的评估。相反，要去评估你真正理解的东西，并以内在的坚韧去询问其余的东西。当你经历停滞的时刻或艰难的时刻时，记住这一点也很重要，因为当你的情绪低落时，自我常常会重新攻击自己。当你的情绪稳定下来时，你会对自己有一个更清晰的认知。谦逊地提醒自己，草率的评估是没有帮助的，这是一个很好的做法。审判是沉重的，保持开放的心态会让你的生活更加顺畅。

分歧

真正的成熟是在争论中保持平静。冷静的意识会帮助你确保你在陈述自己的观点，而不会让你的自我把事情变得更糟。这样，你就不太可能让糟糕的片刻变成糟糕的一天，你也会阻止你的紧张情绪对周围的人产生负面影响。你的平静有能力阻止分歧逐步升级为争吵。只有两个人才能把分歧激化成为真正的冲突；如果你拒绝紧张行事，这有助于在谈话中保持礼貌。

把你们的分歧看作一场讨论，要比让它滚雪球般发展成争论更有成效，因为讨论是一种交流，而不是一场战斗。在讨论中，自我不需要保护自己，逻辑思维可以更容易维持。保持平静也会让你的思维保持开放和灵活，这让你更容易下定决心。人们之间的分歧是生活中很自然的一部分，它可以为彼此更深入地理解打开大门。当我们带着同情心去面对对立的观点时，我们就有可能温和地表达我们的观点，并找到一条中间道路。记住，和谐不是凭空出现的；它往往在分歧的岩地上开花结果。能够为不同的观点保留空间是成熟的标志。

当有人向你发送具有误导倾向的愤怒时，你能分辨出来。人们经常分享他们的不幸，即使这与你无关。情绪倾向于自我传播：愤怒喜欢制造更多的愤怒，而快乐则寻求创造更多的快乐。当你注意到某人只是陷入了焦虑不安的循环中，他们不再接受理智，那就远离他们，继续前进。你可以同情他们，而不为他们不适的能量所困扰。能够主宰自己的精神状态，而不让别人替你决定，这就是你正在收回你的力量的标志。即使有人惹你生气，你也不需要接受他们的“邀请”。

你的目标是能够巧妙地应对那些情绪动荡的人，同时又不失冷静。当然有些时候你可以帮助他们，但情况并非总是如此。在任何情况下，你的任务都是做对自己的心理健康有益的事情。记住：不要陷入救世主模式。尽你所能去帮助别人，但不要觉得自己是个帮助者；你的工作不是拯救所有人。找到这种平衡是你的生活和个人情感能力所特有的。

直觉

情绪的成熟的一个经常被低估的方面，是倾听直觉的能力。我们对自己直觉的感受都不一样。对我来说，这似乎是一种安静的了解，它一直存在直到我坚持下去，即使这意味着要迈出相当大的一步或冒很大的风险。恐惧很容易把我们困在一个狭小的空间里，不给我们蓬勃发展所需的空间。但我们的直觉经常以一种方式移动，来让我们能够抽离出来进入这个世界，实现我们最深层的愿望。直觉不是建立在恐惧的基础上的，它也不像在脑海中盘旋的无休止的渴望。

这感觉就像身体里有一个平静的指南针，它知道下一步要去哪里，即使这个地方会导致大脑因恐惧和厌恶而退缩，因为你必须做一些完全超出你舒适区的事情。

当我住在波士顿的时候，我的疗愈之旅还在进行中，有一个非常清晰的时刻，我的直觉跟我对话的时候，给我指明了方向。这时我正在慢慢地恢复我的力量，不再受镇静剂的影响。

我上了一些内观课程，总体上更快乐，与内心流淌的爱联系更紧密。我很愿意继续我的疗愈之旅，我的直觉让我知道是时候离开波士顿搬到纽约了，这样我就可以继续成长。

实际上，一年前我曾试图搬到那里，但没有成功。我的朋友想让我加入他们，我甚至已经搬去和我的朋友申一起住了几个星期，准备开始找工作。但我一到那里，就觉得我的决定完全错了。我爱纽约，也爱我的朋友，但我内心深处一直在说，一切还不对。然而，这一次情况有所不同。我从未感受到来自内心如此明确的支持，而且不仅是支持。这感觉就像一个明确的指示：“下一步是纽约。”我和我的妻子萨拉谈过，她同意我们应该开始这次新的冒险，看看在那里等着我们的是什么。事情的排列方式真的很有意义，因为我已经进入我的疗愈之旅并足够深入了，我不觉得自己会因为沉浸在那种紧张的环境中而动摇或偏离我的道路。我还在冥想课上交了一个新朋友，名叫安瓦尔。他也住在纽约，这让我意识到我不仅可以留住老朋友，还可以结交新朋友，他们更符合我正在努力建立的健康生活方式。

离开波士顿需要很大的勇气，因为我和我的妻子都在那里工作，但我们都觉得是时候离开了。波士顿没有我们所寻求的职业发展或社区支持的机会。我们不得不冒着很典型的风险，为了更好的机会而放弃一些美好的东西。当我们这次到达纽约时，感觉好像所有的门都在向我们敞开。感觉好像这座城市张开双臂欢迎我们。第一个月，我们住在申的公寓的一个房间里，第二个月我们就在王冠高地街区（Crown Heights）找到了自己的公寓。

萨拉非常幸运，几周后她就通过一个朋友，找到了一份无论在薪水方面还是合适程度上，都比她以前的工作好得多的工作。与此同时，我也在找工作，虽然我知道事情最终会顺利，但我的直觉又出现了，这次的力量更大。我觉得这是它最初的信息的延续，但现在在纽约，我的直觉清楚地表明，它想让我专注于写作。也许有时候你的直觉告诉你一些事情，但你太害怕以至于没有听见。这也是可以接受的。但别忘了这句话：当你觉得准备好了，再回来接受它。大约一年前，我就感受到了这个召唤，但当时我并没有把它当回事。这种感觉真实而强烈，但对我来说太不同了，也太新了。这一次，它像闪电一样袭来。我能感觉到，如果我现在专注于写作，这可能是一种很好的服务方式。我已经对疗愈的可能性印象深刻了，我想让其他人知道，他们也可以得到疗愈。他们不需要做我所做的事情，但是，如果他们找到自己的方式和方法，就可以缓解他们心中的紧张感，培养更好的生活方式。

说实话，一开始我很担心这么做对我们的经济状况带来影响，而且把经济重担推到萨拉身上也让我感到不舒服。我们都不是来自富裕的家庭，仍然要靠薪水过日子。几天来，我一直在想，从事写作是否真的有可能。事实上，写作的想法被厚重的条件反射深深地掩盖了，直到我开始冥想时，它才显现。当它浮现时，我感到很惊喜。最终，在找了一段时间的工作后，我鼓起勇气告诉萨拉，让她了解我的想法。我问她是否能给我一些时间来写作，看看我是否真的能做到。

我记得我当时很害怕跟她说这些，她也确实感到犹豫，但她听后，同意给我一次机会。我和她一样紧张，因为我对自己能否以写作为事业不太有信心。除了高中和大学的论文外，我对写作几乎没有任何经验，但我的直觉非常清楚，它需要我花时间练习，花时间阅读，不只是为了乐趣，而是着眼于学习这门手艺，并发展为自己的声音。

我的照片墙（Instagram）账户感觉就像一个天然的写作平台。我分享的文章和小诗能够得到即时的反馈，这帮助我磨炼了我的写作水平，这样我就可以更好地接触人们。这是一个漫长的过程，大部分时间我都觉得自己失败了。我充满怀疑，担心自己会毁了从事更传统职业的机会，但我决心坚持到底。在接下来的两年里，我花了很多时间独自待在我们的公寓里写作，专注于寻找自己的声音。慢慢地，越来越多的人开始在网上阅读和关注我的文章。我很惊讶，也很感激我的话能引起读者的共鸣。在某个特定的节点，我有足够的信心自行出版我的第一本书《内在》，很快它就被一家出版商选中，并在世界各地发行。直到今天，这仍像是一个奇迹，我仍然很难相信，迈出了巨大的一步，开始写作真的奏效了。如果我没有勇气听从自己的直觉，这将是不可能的。尽管刚开始的时候我一无所有，但我的直觉帮助我建立了一个愿景，并带我走上了正确的道路。

直觉的美妙之处在于，如果你倾听，它就会推动你成长。根据我的经验，追随我内心深处的直觉，会让我化解越来越深层的恐惧。这也促使我最终解决了自己厌恶接受亲人帮助的问题。它教会了我要对这个过程有信心，即使计划并不十分明确。成为一名作家总是排在我的个人成长之后的，我必须一次又一次地意识到这一点，因为我在磨炼我的写作行文。个人成长让我发现了自己的这一面，也帮助我发挥我的创造力。反过来，这又帮助我看到，疗愈应该永远是我的首要任务。我的创造性冒险应该排在第二位，因为如果我的成长没有排在第一位，那么我所做的所有工作，都会因为我的注意力不集中而被削弱。

情绪的成熟是指具有一种灵活的认同感

当我们想到疗愈时，通常会有这样的想法：我们想要回到受伤和创伤之前的自己的样子。表面上看，疗愈似乎是把我们带回原初状态。但是，当我们深入观察时，很明显，我们是谁总是在改变。心理和物理现象之间的相互作用，以令人难以置信的速度发生——在日常生活的常规水平上，我们可能看起来是稳定不变的，但在现实中，我们的存在处于恒定持续的变化状态。这意味着过去的我们只是一段记忆；那个人不是我们能真正回得去的人。

生命在向前流动，从这一刻到下一刻。虽然当下与最近的过去那一刻是相似的，但它们在本质上并不相同。同样地，当我们接受我们的发展，并将能量投入我们的转变中时，就正在为我们内部发生的天性变化的流动，提供一个更清晰的方向。通过理解我们的过去，有意识地活在当下，我们可以重获力量——这有助于我们通过选择今天的明智行动，来建设我们的未来。

停滞不前的身份认同感会让生活更加艰难。将你的自我意识视为永不改变的东西，这与贯穿存在的自然变化之河相悖。允许自己拥有转变的空间——培养新的习惯，发展新的想法或观点，放弃旧的生活方式，你会在经历人生起伏时更从容。一个灵活的身份会鼓励你蓬勃发展，并支持你发现自己新的部分。试图保持不变，或回到旧的自己，是一种依附的形式，这将带来不足的安全感，并导致很大程度的精神紧张。如果存在的一切都是由变化驱动的，我们唯一的选择就是接受它，让它激发我们进化。

接受困难的时刻

最好的你，不是那个活在轻松时光中的你。最好的你是在经历了巨大挑战后所形成的。艰难的时刻让我们有机会应用我们迄今为止所完成的疗愈，它们激励我们进一步发展。挑战以轻松时期无法做到的方式拓展我们的能力，因为它们帮助我们看到自己的成长，以及我们需要以何种方式继续成长。

太多时候，我们认为疗愈是一种外在的感觉——我们试图从生活中移除障碍，却没有意识到要让我们的疗愈变得持久并更有效的，是解决我们自己的觉察力和反应。对难相处的人说“不”，让自己走上一条更好的道路，更充分地支持我们的幸福，这无可厚非，但期望我们可以消除生活中的所有困难是不现实的。生命的海洋在平静和风暴之间流动。尊重挑战性的时刻是普遍存在的这一真相，将帮助我们放下阻力，这样我们就能以更少的紧张感，度过困难时期，并利用它们获得更多的智慧。以平衡的行为面对困难，而不是盲目的反应，这是情绪成熟的标志。当我们深深转向内心，去处理我们情感历史中未被处理的一切时，情绪的成熟将会大量显现。情绪的成熟给我们的个人生活带来了很多好处，也为我们建立更深层次的关系做好了准备。

反思

在过去几个月里，你在哪些方面得到了情绪成熟的提升？

你现在能做到以前做不到的事吗？

你是否能记起一些试着逃离痛苦的感觉或处境的例子？

它们是什么？

你的自我意识是如何影响你情绪的成熟的？

能更多地看到自己，是种什么感觉？

现在，你和你的情绪是什么关系？

当它们出现时，你能尊重它们并与它们在一起吗？

接下来，你想用什么方式来培养你的情绪的成熟？

你期望自己做到完美吗？

当你意识到你对自己要求过高时，你能放下吗？

你是在处理出自平静，还是出自旧伤的艰难的事？

你找到你的中间途径了吗？

第七章

关系

爱有很多同义词，包括头脑清醒、同情、无私、灵活、关注、接受和理解。它如此强有力，是因为它像水一样，既坚韧又有弹性。爱以它所需要的形式把人们以有益和滋养的方式联系在一起。但是人类又是复杂的，我们背负着艰难时期所集合的生存主义倾向的包袱。爱是自由，而依附是控制——所有人在开始关系时都是两者的混合体。

爱被我们背负的痛苦打断。这很容易把我们所感受到的伤害归咎于爱本身，但爱所做的只是让我们敞开心扉。这种伤害源于沉重的条件反射和错误的模式，它们阻止我们以同情的方式表现出来。一个人可能在爱的同时还没有准备好去照顾这份爱。一个人可以感受到对另一个人的爱，但也有各种各样的依附，这就阻碍了他们欣赏在他们面前的神奇的联结。依附——我们对事物的渴望以一种非常特殊的方式存在——是阻塞爱之巨流的岩石。依附往往是由我们过去所感受到的伤害所塑造的。从这个意义上说，依附代表了我们的不灵活性。

依附是一种以自我为中心的爱的方式，这种方式让你过多地关注你想让你的伴侣给你什么感觉，而没有足够地善待对方。联结有更多的平衡空间，双方都寻求支持对方的幸福，并专注于通过沟通去发现一个好的中间途径，而不是试图控制对方。如果一个人只专注于得到自己喜欢的结果，甚至以牺牲伴侣的幸福为代价，就意味着他们的大脑还在为依附所支配。如果有人只关心你给他们的感觉，很少努力寻找一个中间地带，让你能给予和接受支持，这就是一种不健康的关系。真爱滋养联结，而不是依附。

即使我们自己如此不完美，维系人际关系也是靠我们的自我意识。能够看到自己的内心，密切关注自己的心理活动，让无意识的倾向慢慢变得清晰，这是对自己和周围人的爱的行为。当你能看到你的动机是爱还是依附时，你就能从习惯性反应中收回你的力量，并开始运用你的意图使你的反应更加和谐。选择爱需要自我意识。

爱感召疗愈。爱为两个人创造了一条道路，不仅在自我意识上开花，而且在情绪上发展成熟。爱是一束强有力的光。如果你沉浸其中，并准备好成长，它就会让你更多地了解自己。

爱不仅是用来安慰你的，它还是发展的引擎。努力把过去的束缚从你的脑海中移除，这样你就能以一个没有负担的人的身份回到当下，这是强大的爱之行为。

伴侣之间能给予对方的最好礼物，就是持续致力于疗愈自己。你能给予自己和伴侣的爱是由你的自我意识决定的。如果你的自我意识不断增强，你就会有更强的能力去做真实的有意识的行为。如果你们都能找到方法帮你们卸下背负的过去，就会发现你们的内心会更轻松，也会有更多的空间来加深你们的联结。爱是一种动态的力量，如果你们双方都能从依附关系中解绑，你们会更轻松地一起“流动”。

令人不安的事实是，许多从未冒险接受疗愈的人会爱得很艰难。而那些认真对待疗愈的人，才更有可能找到健康的方式来支持彼此的幸福。建立这样一个家，让你们双方都能感受到自由的空灵，并能得到自愿承诺的安慰性的支持，这是一个值得追求的目标。

我们允许自己去爱，因为它值得我们去冒险

即使有损失或受伤的可能

我们一次又一次地飞跃

因为爱是生命中最美好的部分之一

我们这么做并不是因为它容易做到

我们这样做是因为，联结让一切变得更加光明

极度伤心之后

分手会留下十分深刻的印记。它们造成的痛苦会波及我们的存在，是痛苦的深层来源。一段关系的结束就是一个家庭的结束。把这么多的爱、情感能量和努力投入建立一个能让你们俩好好相处的空间，是非常神圣的事情。当它结束时，我们感到如此深切的悲伤也就不足为奇了。那种悲伤会继续塑造我们寻求的未来的关系，以及我们在这些关系中会如何表现。通常情况下，这表现为难以再次敞开心扉，因为害怕受到同样的伤害，或者缺乏自信，觉得自己没有价值。心碎和终结总是表明自爱多么有价值。当我们内心缺乏自爱，就会对我们的人际关系产生负面影响。

如果我们赋予已经存在于我们内心的爱力量，它就会蓬勃发展，并比伙伴关系更能让我们感觉更完整。真正的完整感来自我们的内心。心痛期是一个反思期，它可以带给我们的是它可以告诉我们，我们错过了什么。如果我们对自己诚实，不仅可以激发自爱，还可以通过突出我们性格中受益于积极培养的部分，来推动我们的成长。审视自己如何能更无私一点，更善解人意一点，做更好的倾听者，不那么依附或乐于控制他人。在你前进的过程中，这将是非常有帮助的，这种自省是勇敢的人一直在做的事情。

我们心中需要培养的爱的一部分，是接受我们在哪里犯错的残酷事实。我们还持有哪些需要解决的行为模式？当另一种联结出现时，我们应该如何表现？我们还需要审视我们正在伴侣身上寻找的东西。

美丽是如此难以置信的短暂，我们需要确保我们在寻找与自己匹配的品质。寻找一个与你情感成熟程度、成长意愿度、善良和诚实的水平相辅相成的人是关键。

完整和不再被自己疏远的感觉，实际上不能来自他人的爱或认可，尽管它可能带来短暂的满足感。它远不如你在内心巩固一种深刻的自我接纳感来得强大。结束孤独的唯一方法就是：你不再远离自己。通过完全诚实，坦然接受自己的每一个部分和我们的故事，这样一来，人们内心的距离就会拉近。当我们不再与自己为敌时，我们的自爱就会开始绽放。如果你花时间深刻地了解自己、爱自己，那么你会变得非常充实，而这反过来会让你所有的关系更加深入和富有成效。

极度的伤心所能创造的最有价值的机会之一，就是意识到你想在伴侣身上看到什么样的品质。仅仅因为有关系，并不意味着有足够的情感准备，来建立一段有益的伙伴关系。尽管人无完人，但当你培养自己的情绪成熟度时，对那些有成熟情感基础的人敞开心扉，会增加你们下次更深入地联结的机会。你的情感能量是神圣的，这样对待它没什么错。如果联结是你想要的，那就把你的情感能量给一个准备好珍惜它并献出自己情感能量的人。

自爱是自我价值的问题，它能给我们进入的每一种联结带来平衡。当我们用成熟的情绪装点它，并以自我意识为地基给自己建立一个家时，无论何时，我们决定再次向另一个人敞开心扉，实际上都在为未来的成功做好准备。爱是如此吸引人，以至于即使是不希望的结局带来的痛苦，最终也会让位于这样一种可能性：我们可能会找到与某人的正确联结，他也准备好接受比表面更深层次的爱——一种欢迎成长和脆弱的爱。即使当我们觉得向如此敏感的深度敞开心扉非常困难时，当我们的直觉清楚地告诉我们应该再试一次时，我们仍然会向前迈出一大步。

人是完全不同的：有些人喜欢独处，而有些人渴望陪伴。但无论哪种情况，在你的生活中仍有许多联结，将直接受益于与自己建立健康的关系。爱存在于每个人身上，但你表达爱的方式，取决于你的条件反射和喜好。最重要的是，你倾向于“居住”在你内部的爱，这样你就可以在你的生活中用它作为一盏灯。

世上不缺美人

但是要找到一个

与你的情绪成熟度相匹配的人

他奉献于成长

能带给你幽默的安慰

他在你怀里这感觉真好

你的生命因此与众不同

你的疗愈提升了你们的关系

如果你允许内心的障碍保持现状，让你的伤口化脓，那么你就会很容易陷入一个循环，在这个循环中，你总是在寻找外部的认可。同样，缺乏自我意识会让你很容易不断地把自己的粗暴情绪投射到别人身上，尤其是那些你最亲近的人。自爱是许多关系中缺失的部分。这就是为什么一些最美好的关系，会随着时间的推移而发展，当双方都意识到自己有很多需要疗愈的地方时，就会被加速发展。

即使联结很紧密，也需要你们都有足够的特定时间来了解彼此的喜好，并很好地了解你们的情感历史、创伤和愿望是如何影响你们在关系中的表现的。即使你们之间的爱流动得很容易，但仍然会有障碍需要克服。爱打开了通往脆弱的大门，这将允许你们每个人更多地浮出水面。接受这种脆弱进一步揭示了你们每个人的行为模式，你们正在努力克服的恐惧，以及你们每个人在生活中无意识背负的深深的伤害。开放的心灵需要温柔的关怀，虽然你们都接受脆弱，但需要彼此了解，才能在这些疗愈的时刻学会适当地保持空间。

既然疗愈是为了培养个人内在的和谐，那么疗愈的深度和处理感情起伏的能力之间，就有着直接的联系。两个人之间不可能同时拥有完美的幸福、快乐和无尽的乐趣。你的不完美、自我和生存主义习惯的行为模式，偶尔会导致你们关系破裂，造成摩擦。外部世界也会给你带来困难，你需要驾驭和适应。但如果处理得当，通过建立信任和理解这些挑战会让你们比以前更亲近。

了解自己的最好方法之一就是与他人进行互动。沉默的冥想静修或与治疗师一对一的深度交谈都是非常有效的，但是把你在现实世界中培养的技能付诸行动，会使你以一种全新的方式建立自我意识。亲密关系将这些互动带到另一个层面，因为你们共同决定建立一种纽带。你们一起去冒险，建立一个让你们都感到安全、自由和滋养的家。

亲密的人际关系使它们成为个人成长的绝佳孵化器。彼此在一起不仅能让你们练习爱，还能迫使自我看到自己，即使你发现这很难忍受。不完美的人之间的亲近，即使他们拥有很高的情绪成熟度，认真对待他们的内心运作，最终也会导致某种不和谐或冲突。试着把这些时刻，看作让你们双方都能更清楚地看清自己的机会——和谐已经衰落到可以用更明智的设计来重建它的时刻。

无论是由于僵化的旧模式阻碍了彼此的相爱，还是因缺乏自我意识不让你看到你投射的情绪，当我们没有意识到自己的心理活动时，不合理的指责和转移愤怒是很常见的。恋爱关系通常是这样的：爱明明就在那里，但让恋爱关系变得困难的原因是，你一直带着情感负担，这种负担减缓了对彼此幸福的清晰观察和富有同情心的支持。当你的大脑充满了不安和无法解决的痛苦负担时，你周围的人会为你内心的挣扎所影响。即使你试图忘记这些挣扎，这些未经处理的事情也会在你的行为、语言和思想中显现出来。如果让过去控制你，那么现在的你就会很难好好爱别人。

我和妻子萨拉第一次见面是在卫斯理大学，她是大一新生，而我是大二学生，是她那层楼的住宿顾问。我们很快就在彼此之间找到了友谊，会聊很长时间，直至深夜。虽然我们之间的直接联系是非常强烈和不可否认的，但我们都没有想过要超越朋友的关系，直到几个月后，我意识到我对她产生了更深的感情。有趣的是，我们的朋友认为我们已经是一对了，因为我们在一起的时间太多了，但事实是我们只是不断地找彼此分享我们的生活故事。即便如此，要和她谈论我对她的新感觉，我还是非常紧张。

我还注意到，我不是唯一一个想引起她注意的人，所以我不确定她是否不仅仅把我当作朋友。但 11 月初的一个晚上，我终于鼓起勇气告诉了她。通过前期的交往，我知道她以前没有谈过恋爱，当我终于能够告诉她我的感受时，我可能有点小兴奋，但当她告诉我她需要考虑时，我仍然感到惊讶。那天晚上晚些时候，她告诉我她准备好谈谈了，但当我们见面时，她说的第一句话是："你有什么长远的打算？"我被她的问题搞糊涂了，脱口而出："你到底喜欢我吗？"幸运的是，她说喜欢，但她不想为了一时的冲动而拿我们的友谊冒险（直到今天我们还觉得那一刻很好笑）。

几周后我们就公布了恋爱关系。事实上，是我说漏嘴了。而我们完全不知道如何一起建立健康的关系。我们俩之间，情感上完全不成熟。我们经常争吵，在疯狂地爱着对方和因不知道如何处理内心的痛苦而指责对方这两个极端之间摇摆不定。尽管我们说了很多话，但沟通成效很低。我们的争吵拖得很长，因为两个人都专注于取胜。我们俩都没有耐心成为更大度的人。

多年来，我们谁也不能完全明白，更不用说与对方沟通了，我们之间如此多的摩擦是如何由存在于我们个人身上的未觉察到的、未解决的紧张关系引起的。因为我们都缺乏自我意识，我们很难看清彼此。虽然我们在一起很多年了，但我们之间总是有距离。这很大程度上是因为，我对自己的悲伤和焦虑情绪不诚实，它们会周期性地在我的脑海中咆哮，推动我进一步强化不健康的习惯。我们都以不同的方式渴望控制别人，并为不合理的事情指责对方。恋爱的前 6 年，我们的关系感觉就像在飓风里进进出出。有很多次我们几乎要结束关系了，有时离分手非常接近，但我们之间的联结让我们走了回来。今天，我很感激我们一直在尝试。现在，我们感到非常幸运，因为两个人在很年轻的时候就认识了，并且在一起这么久，同时我们都在努力修复彼此之间的关系，使它成为现在生活中的力量支柱。

直到我们都开始冥想，事情才真正发生了变化。有趣的是，我们都为同样的冥想风格所吸引，并且发现它非常符合我们的个人条件。我们都开始意识到，作为个体，我们与自己的关系完全是一团糟，我们的很多行为根本不真实。其中大部分是由过去的创伤或我们长期积累的强烈情绪引起的反应。所有这些盲目的习惯模式都阻碍了彼此很好地相爱。

冥想有帮助人们建立自我意识的神奇作用，它能帮助我们注意到，我们因为一些实际上与对方无关的事情而责怪对方的时刻。慢慢地，我们都开始注意到，我们内心的紧张会试图迫使我们扭曲逻辑，找到一种方法，把它变成对方的错。就算有时我们肯定还会犯一些让彼此生气的错误，但更多时候，我们会在情绪低落时，制造一些麻烦。

慢慢地，不断的指责转变成了“我想让你知道我现在感觉不太好”的想法，这是对另一个人的暗示，我们此刻需要支持和同情。

冥想在我们各自的头脑中培养了一些基本品质。我们都开始增强自己的能力，不被立即的反应冲动牵引，去观察情绪的冲击，而不是被拖入其中，让问题变得更糟。我们暂停然后反应，而不是立即做出反应的能力，随着我们进行冥想时间的推移得到了加强，它教会了我们观察“火”本身，而不是给它更多的燃料。

我们都开始更好地了解自己。我们开始深刻地了解我们在生活中想要什么，我们渴望什么，我们的过去是如何影响我们的现在的，我们旧有的条件反射是如何影响我们完全接受彼此的能力的。我们看到了自己的恐惧，懂得了与恐惧共处比试图埋葬恐惧或逃避恐惧更有价值。我们学会了该如何去做，如果我们想在我们的思想中建立自由，就必须走诚实的道路。我们看到头脑中的苛刻，是如何阻止我们在现实生活中彼此温柔相待的。我们头脑中发生的事情，与我们对待彼此的方式之间的联结变得惊人得清晰。但这也给了我们希望，因为当我们的念头变得不那么密集时，耐心、爱和无私能够更容易地在我们之间流动。

对我们俩来说，冥想的头两年是一段自我发现和坚定决心的时期。我们知道，发生在我们心中的疗愈带来了巨大的效果，因为我们都感到不那么紧张了，但我们也知道，我们必须继续致力于练习，以便能够从这个过程中充分受益。一开始我们去静修，但随着时间的推移，我们意识到，每天在家冥想对我们大有益处。这感觉像是一种巨大的努力，要对抗懒惰与生活中太忙没有空间进行日常冥想的混合感觉。这样做是有意义的，因为投资于我们的思维健康会给我们的生活带来更多的和谐，但即使是这样清晰的逻辑，也没有让坐在坐垫上变得更容易。最终，我们下定决心，无论如何，我们都要朝这个方向前进。没有什么能阻止我们。

每对夫妻都有自己的故事，他们有自己的方法来克服恋爱中普遍面临的障碍。最近，我和两个在卫斯理大学认识的好朋友重新取得了联系；他俩相识的时间与我和萨拉在一起的时间一样长。晚饭时，我们聊了聊他们通常做的事情，但我不想错过这个机会，想看看他们是否有什么保持幸福相处的智慧可以分享。我说：“我知道这是个大问题，也许我最好单独问你们，但你们的关系怎么样了？”他们相视一笑，坦白了自己的真实想法。他们在不同的城市生活了多年，直到最近才搬到一起住。新冠疫情促使他们迈出了这一步。但一开始并不容易；除了短暂的探望，他们没有太多的经验来处理彼此的关系，在此期间，他们主要专注于娱乐和轻度联结。如果他们中的一个人在某些日子里情绪低落，两个人就会觉得很糟糕，因为他们想在在一起的有限时间里保持快乐。他们搬到一起后很快发现，他们一直在远离他们需要解决的重大论题。幸运的是，他们没有等着看事情是否会“自行解决”，而是寻求了情感治疗师的帮助。他们笑着描述着寻找合适治疗师的过程，但最终他们找到了一个两个人都觉得很舒服的治疗师。治疗师帮助他们摆脱旧的行为模式，解决了阻碍彼此相爱的问题。

他们告诉我，有一种特殊的模式留下了巨大的印记：从他们第一次见面时起，就无意识地坚持保有以前对彼此的看法。在他们的心目中，他们会把对方还当成大学时期的那个人，但这正成为他们关系的障碍，因为他们已经长大了，发生了深刻的变化。他们学会了，两个人必须有意识地去爱现在面前的这个人。他们对彼此的旧印象，并不包括他们第一次见面以来多年积累的大量教训、智慧和个人疗愈。他们是新人，但仍在恋爱中——一种更深沉、更成熟的爱。最后，他们开始与眼前的这个人建立联系，而不是只存在于过去的过时版本。

我为他们感到高兴，因为他们之间的联结的强度是显而易见的，他们对成长的承诺为他们的关系提供了很多滋养。在彼此面前，他们都觉得很新鲜，很舒服。他们甚至谈到可能会多看几次治疗师，以积极主动地对待他们的关系，尽管现在爱在流动，和谐已经达到一个新的水平。

他们说，他们在情感治疗师那里的经历非常有价值，他们相信会从她那里获得更有价值的见解，来帮助他们不断加深和升级他们的关系。

良好的沟通至关重要

每对夫妻的情况都不尽相同，你的感情故事将以独特的方式展开。但即使人际关系是复杂的、情境性的，仍然有可能建立系统来满足你的关系。也许是通过冥想或情感治疗师，或其他完全不同的另一种方法。但是，找到一种适合双方建立和谐关系和自我意识的方法是非常值得的。

发展和谐关系的一个关键因素是建立一个沟通框架，这将帮助你们处理低落时刻的情绪。

你需要思考当你们中的一方情绪低落时该做什么，以及当你们之间出现冲突时如何处理。

当你们中的一方情绪低落时，有必要明确地与对方沟通。让他知道你在情绪谱上的位置，会让两个人都知道自己需要和平而成功地处理这一时刻。对于情绪低落的人来说，命名这种感受有助于把它说出来，这样就不会有困惑，他也不需要表现得比实际情况更快乐。当你的自我意识接受了这个艰难时刻的现实，你就可以在风暴来临的时候温柔地对待自己。

接受自己所处的位置，可以帮助你防止这些暂时的艰难情绪试图扭曲逻辑，在本不该存在冲突的地方制造冲突。

大声承认我们的情绪低落有时会很困难，因为那样做会暴露我们的不完美和脆弱。但通常这种行为有助于打破向下的心理螺旋。有时我们的糟糕情绪有一个明确的原因，如过去的一些事情被触发了，但有时我们的情绪变化不那么容易识别。这就像早上醒来一样——有时你带着悲伤或某种精神上的沉重情绪醒来，有时你从床上一跃而起，准备拿出最好的一面开始新的一天。无论你是否知道原因，你如何接受你内心的现实，如何控制你的反应，以致它们不会变得更糟，这些都取决于你。你的力量在于你如何应对你所面临的精神状况。

萨拉和我已经找到了一套在有糟糕情绪时互相支持的方法。当我们感到情绪动荡时，我们会告诉对方，“愤怒上来了”或“有很多焦虑贯穿了我的身体”，而不是说“我生气”或“我焦虑”。这样说重申了我们的身份与这种暂时的情感是分开的。我们系统的下一个部分是，感觉更平衡的一方会带头支持另一方。当我们中的一个人情绪低落时，另一个人会试图放下一些事情，比如做饭、打扫卫生或者其他可能让人觉得当天处理不了的忙碌工作。我们试着站出来互相支持，因为即使风暴是暂时的，当它们穿过一个人的时候，也会让人很不安。我们发现，被请求支持比受到错误的指责或紧张更可取。当你面对你的内在正在发生的事情时，让你的伴侣为你保持空间，可以帮助你顺利地渡过风暴，并最大限度地减少摩擦。

当人们彼此接近时，必然会有一些冲突，但情绪成熟的人会试图利用冲突作为建立理解和发展更深层次和谐的机会。没有完美的关系，因为没有完美的个人。冲突是很自然的，因为我们都有自我，而自我通常更受渴望而不是受诚实的驱使。当冲突发生时，这并不是一个本质上错误的迹象，这也并不一定是坏事。如果处理得当，它可以帮助你们更深入地了解自己，在保持灵活性的同时尊重自己信奉的真理。冲突不应该被视为永远不应该发生的事情——事实上，它是一定会发生的，所以你不妨学会巧妙地处理它。

当你们之间发生冲突的时候，最重要的是要记住，处理问题不是为了取胜。如果你们两个人都想赢得争论，那你们两个人就都会输。自我渴望胜利，但坦诚的爱渴望理解。当你将意识带入自我时，意识就失去了它的力量，并给你更多的空间让你的行动受到同情的激励。

当你们都放弃了胜利，剩下的就是尽最大努力去理解对方。为了看清对方，你们需要轮流分享自己的观点。当一个人分享自己的观点时，另一个人需要尽力无私地倾听。有时候这是一项非常困难的任务，尤其是当你的情绪为不良处境所包围时。但是，如果你们都能意识到对方的观点是正确的，而且它实际上并没有否定你自己的观点，这将有助于缓和局势，这样你就可以全心全意地倾听他的观点，并试着站在他的角度考虑问题。只有当你们俩轮流认真地接受公开而冷静地倾听的任务时，这才有效。

无私地倾听确实需要某种程度的情绪成熟度——能够感受到自己的真实，但不完全为它所支配，这样你就能掌握更多正在发生的事情，而不仅仅是你当下的情绪。当你该分享你的观点时，从你的角度描述事情是最有帮助的，而不是指责或防御。专注于描述一些事情让你感觉如何，以及你希望事情如何发生。如果你意识到你做错了什么，就公开承认并为此承担责任。这并不是在放弃你们的权利，而是缓和争论的有力工具。

如果你们都做了一些事情激怒了对方，那么最好是谦卑地承担你的责任，并为此道歉。

支持彼此的幸福的真正含义是什么？

给予支持有时感觉像是一个模糊的术语，因为我们作为个体所需要的支持是如此的情境化。我们所需要的东西可能每一天都在变化，当然每年也都在变。但有一些关于给予适当支持的明确的基本要素，可以帮助我们驾驭健康的关系。

要明白，别人不能强迫你快乐。这往往是最难下咽的药丸之一。社会让我们根深蒂固地认为，一旦我们找到一段合适的关系，幸福就会属于我们。我们被告知，伴侣将能够带来我们生活中缺失的一切，那个人可以满足我们所有的需求和渴望，给我们带来无限的快乐。事实上，这些都是不健康的期望，它们建立在对快乐的强大的依附心理基础之上。我们别无选择，只能自己为自己的幸福负责。幸福需要由内而外去培养。你的精神状态会为你的外部生活环境赋予色彩和活力。你可以拥有平静的生活和一个很棒的伴侣，但如果你没有正确地评估你的内心世界，就仍然不会快乐。

要明白，另一个人不能解决你的情感问题。同样，我们也常常期望伴侣能消除我们内心的不安。我们认为他们给予我们的爱，足以给我们的内心带来持久的平静，并抹去每天影响我们的艰难过往。逃避责任，不去了解自己的故事，不去尝试控制自己的反应，这些都会在你们的关系中产生冲突。如果你不明白自己的情绪稳定取决于你自己，就很容易陷入一个循环：因为你内心的紧张而责怪伴侣，即使这种紧张并不一定与他有关。

认识到健康的支持必须是相互的。当对方需要的时候，你们都应该尽自己最大的努力出现在对方身边。和谐的关系需要两个人的积极支持。如果只有一个人在持续付出，而另一个人一直在接受，没有尽自己的一份力，这种合作关系很快就会使付出的一方变得疲惫不堪。伴侣关系应该是成长和复兴的空间。更有可能的是，进入这段关系的两个人，仍然有很多东西要学习：关于他们自己的，以及如何创造持久的爱，但这就是沟通变得至关重要的地方。让对方知道你需要怎样的支持，这会给对方一个努力的机会，即使给予积极的支持对他们来说是一件新鲜事。没有人能每次都做对，但明显的努力会带来实质性的变化。

避免强迫和操纵。如果你们之间有真正的团结，就会自愿相互支持对方得到幸福。我们的情感能力是不同的，优点也是不同的，表现爱和接受爱的方式也是不同的。

如果对方对你的要求让你感觉并不健康，那么要求一种非常具体的支持形式可能会适得其反。最终，我们可以寻求支持，但我们不能为了得到我们想要的东西而相互逼迫。那就不是真爱，而且可能有害。有可能的是耐心地分享你们每个人希望如何得到支持，并检查自己，看看这些是否是你们可以互相支持的方式。关键是要在你的伴侣寻求支持的方式，与你的情感范围内的可能之间建立联结。如果他们提出的要求对你来说是做不到的，那就尊重自己，说出来。

灵活性。最后一个关键因素是灵活性。无论我们是否对成长保持开放的态度，所有人也都是不断变化的存在。今天行之有效的方法，在新的处境下可能就帮不了我们。当你们都依赖于积极的沟通，并查看对你们每个人都有什么有用的支持时，你们就为自己的成功做好了准备。

猜谜游戏会导致灾难，所以不要指望你的伴侣能读懂你的心思。你最好直言不讳地说出你在哪里，你需要什么，这样你所爱之人就能站出来支持你。

把彼此看作不断变化的存在，随着时间的推移，他们的偏好自然会发生变化，这会让你更容易在必要的时候转换。

萨拉和我一直在努力改善我们的关系，但我认为，自从我们开始有意识地成长为个体以来，我们都意识到一件事，那就是不要苛求完美。苛求完美只会毁了一段感情。以这种理解达到平衡，并意识到一段关系是分享的最终实践（分享你的生活，你的快乐、困难和胜利），将帮助你培养适量的无私，以帮助这段关系在它自己的成长和发展之旅中发展。虽然你们是独立的个体，但是你们不是像筒仓一样存在——你们要充分地打开自己，以便你们的爱的纽带把你们紧紧地合为一体。你们的结合本质上有三个主要组成部分：你、你的伴侣和你们真实的关系。这三者都必须得到满足、滋养和培育，才能更轻松地实现和谐。

你们每个人至少应该得到自己想要的一半。但是你得到的那一半并不是静止的。它应该随着时间的推移而改变，反映出对你来说真正重要的事情。这可能包括你喜欢伴侣支持你的幸福的方式，你们通常在一起的时间，以及其他影响你们的重大决定。通过清晰的沟通，你不仅可以指定在你建立你的家庭的情感设计中什么对你来说是真正重要的，还有更平凡的日常决定，如吃什么或一起看电视。你可以问自己，如果我只得到我想要的一半，我真的能快乐吗？这现实吗？既然你们是两个至高无上的存在，没有其他公平的选择，只能共享领导地位；如果一个人决定关系中的一切，这可能很快就会发展成一种不健康的、甚至有害的模式。其实每个人在决策方面都有自己的优势。萨拉真的很擅长做日常决定，比如组织我们需要完成的日常任务；而我擅长做长期决定，比如知道什么时候做一个大的行动或计划我们的未来。我喜欢冒风险，而她不喜欢冒风险。了解彼此可以帮助我们找到平衡点，这样我们在做重大决定时都能感到舒服。当然，我们在做所有的共同决定时都会听取彼此的意见，我们会彻底地讨论问题。当你有意地尝试分享控制权时，关系才会和谐。当一个人坚持要得到自己想要的东西时，两人之间的关系自然是不健康的。最好的情况是，你们每个人都能控制关系的一半，但不能控制全部。

如果你只得到你想要的一半，你要知道你并没有失去另一半。相反，你会因为你的伴侣得到他们想要的东西而感到同样的喜悦。如果这是一个你真正爱的人，你会想要支持他们，尊重他们的权利和快乐。你很有可能会得到你想要的一半以上，因为你和你的伴侣的利益在许多不同的情况下是一致的。如果你真的爱他，当他得到他想要的东西时，你会感到高兴。

深入沟通

两个人之间沟通不畅是非常常见的，因为每当一个人说话时，他都是在把自己的感受转化为语言，然后另一个人必须通过自己当前的感受，和过去的情感历史的过滤器，来理解这些话。由于我们是通过感知的过滤器进行交流，两个人之间需要一定程度的冷静和成熟的情绪来问对方，“你这么说是什么意思？”或者“你能告诉我更多吗？”才能真正理解别人在说什么。没有耐心的沟通很可能会转变成冲突。耐心的交流很可能会加深联结。

在一段关系中，沟通的力量不能被夸大。它是你们婚姻的基石，也是富有挑战性的时刻的救世主。沟通你们可以彼此了解你们个人的真实情况，以及你们的需求发生的任何变化。尤其是在一段关系的开始阶段，你们最好频繁地交流，而不要过度交流，直到你们都能更好地理解对方。有了开放的心态和时间，你们会更多地了解彼此长期以来的喜好。即使你们已经在一起几十年了，你们也无法完全读懂对方的心思，因为你们都是变化的存在，仍然会有新的观点、想法和故事与彼此分享。用一种无私的心态倾听对方——你可以暂时放下自己的观点，以同情的态度审视对方的观点——这将帮助你们对各自的经历有更深刻的理解。

真正改变游戏规则的时候
是当你停止对你的伴侣做出假设
并简单地要求他们阐明所言之时
这可以防止
错误的叙述所导致的争论
悄悄进入你的大脑
也能让你的感情免受伤害

如果你们能轮流练习无私的倾听，这会帮助你们双方感到各自的真实想法被倾听了。健康的交流模式，基于富有同情心的诚实和无私的倾听，会在你们之间创建一种更深层次的尊重。即使因为你们每个人过去所经历的一切，观点可能是模糊的，但尊重这个事实仍然有很大价值，即使是模糊的观点也会对你的感受产生真正的影响。所有的人都想被看见。如果你能把这份礼物送给你的伴侣，它将带来一种难以置信的信任和团结。

让两个人走得更近的交流方式离不开诚实。作为取悦他人或避免冲突的手段，善意的谎言很容易陷入循环，但即使是小谎言也会让人产生距离。为了达到更深层次的爱和团结，你必须对自己和周围的人诚实。如果你真的想和某人在一起的话，就意味着没有逃跑或说谎的空间。爱的同义词是真理。

现实是你会犯错误，你们俩都不可能一直都做对。一段成熟的关系并不意味着是完美的关系；成熟的关系在于接受你们都在成长中的事实，这使得沟通变得更加重要。让你们走到一起的不仅仅是你们的爱，还有你们自愿做出的帮助你们的关系茁壮成长的承诺。

成熟就是

当你身边的人试图把你拖进他们的风暴中时

你能够以你想要的方式维持能量

你听到了他们

你提供支持

但同时

你让他们的紧张感成为他们的

让你的平静属于你自己

友谊的价值

深厚友谊关系的标志：

笑声是丰富的

鼓励诚实

支持是真实而积极的

脆弱是受欢迎的

你可以放下戒备

你们激励彼此成长

你们给彼此很好的建议

你们在一起会感觉更强大

你们互相帮助渡过难关

我们的一些伟大的联系，与我们所选择的家庭有关。当我们与对的人建立联系时，就会产生巨大的不同。我们一生中会结交很多朋友：有些是暂时的，有些会持续几年，还有少数会持续几十年甚至一生。那些真正脱颖而出并留下自己印记的朋友，是那些我们可以与之分享故事的人，是那些在困难时刻支持我们的人。直觉的一见如故让我们想要与某些人建立联结，这通常把我们引向伟大的人，我们注定要与他们分享我们生活的一部分。当你不想表现出虚假的自己时，你就知道这种联结是真实的。真正的朋友有一种天生的解除戒备的作用，能够帮助我们放下戒备，让最真实的自己呈现。

有一些亲密的朋友，让我们接受残酷的事实，而不是其他。真正的朋友不会盲目支持你。虽然很难接受，但在你最亲密的圈子里，有人不怕在你走错方向时告诉你，这是一份礼物。不是因为他们把恐惧投射到你身上，也不是因为他们想控制你，而是因为他们真的关心你是否幸福。因为他们非常了解你，觉得有能力对你完全真实。他们分享的话，帮助你重新点燃你的火焰，这样当你动摇时，就可以回到正确的道路上。最重要的是，持久的朋友会在你成长的过程中欣赏你，让你看到疗愈的价值，在你经历转变的过程中支持你。他们不欣赏你，是因为你在“表演”；他们欣赏你，是因为喜欢你的真实。

我在四年级的时候遇到了我最亲密的朋友列侬。从那时起，我们的感情经受住了生命中那么多不同时期的考验，真是难以置信。我们后来又上了同一所初中和高中，在那些年里变得特别亲密。我们总是深入讨论电影和书籍，希望彼此分享各自的观点并进行深入剖析。当我们和其他人一起出去玩的时候，经常像一个团队一样工作，互相开玩笑，把彼此介绍到不同的圈子里，总是乐于冒险和认识新朋友。即使当我搬到别处上大学时，我们的关系依旧牢固。我会抽出时间在休息的时候去看列侬，大部分夏天都是在他家度过的。这些年来，我在他母亲家中度过了很多时间，感觉那里就像我的第二个家。大学，尤其是刚开始的时候，对我来说很有挑战性。我是家里第一个去上大学的孩子，一切都落在我自己身上——申请学校、填写经济援助表格、参加标准化考试。就连我的辅导员也不鼓励我申请卫斯理大学，可我最终还是去了卫斯理大学。从一个多元化的城市到一个小的大学城，使我感受到难以置信的迷失。但我知道我有像列侬这样的家人和朋友在家里，这对我帮助巨大。

大学毕业搬回家后，我再次感到迷茫，但即使在我相当消极和焦躁时，列侬也从未离开过我。那时他也在寻找更多的东西，寻找更好的生活和前途，更多元的身份。在解决问题的时候，我们互相支持。我们之间的友谊从来都不完美——时常打斗，犯错误，互相伤害——但让我们像兄弟一样亲密的是，我们总是把事情说出来。有一件事我不想逃避，那就是我们的友谊。它太有价值了，不能因为一些微不足道的或无心的错误而失去。即使我们遇到了长期的困难，我们都知道无论发生什么，我们都会在彼此身边。

近日，他的母亲安去世了，她的离世让我看清楚了一些事。没有她在我身边，感觉我的生活中缺少了一些重要的东西。我喜欢和她聊天，因为她把我当大人看待，甚至在我很小的时候。我觉得她总是在照顾我们，确保我们没事，但从不专横。她不在的时候，我们生活的责任似乎完全落在了自己肩上。对我来说，这是个巨大的损失，但对列依来说，这是不可想象的。这件事向我展示了我与列依是多么亲近，因为我对他失去母亲的事充满了同情。在他母亲的追悼会那天，我们都分享了她的生活片段，谈到了她对我们的影响。列依有段时间坐在我和我母亲之间。那种情感是无法形容的。至今，我们依旧经常保持联系，即使我们不再住在同一个城市。

对我们来说，让友谊长存特别有效的一点是，我们把对彼此的期望定得很低。这听起来可能是违反直觉的，但这种程度的灵活性帮助我们渡过了友谊的潮起潮落。有些年我们很少出去玩，有些年我们会在一起待上几个星期。情况一直在变化，因为生活一直在继续，但我们都保持着心照不宣的门户开放政策。我们能够友谊长存的另一个因素是，我们都不害怕在艰难的时刻交谈，而且，一旦谈话结束，我们就让它过去，继续前进。当我们的个人生活出现困难，或者当我们需要和另一个人一起思考问题时，我们也会在彼此身边。我们彼此分享了生活中的不同部分。我们都有不同的朋友圈，虽然没有交集，但没有什么是排他的，一旦有机会，我们就会互相介绍我们的新朋友。让一切保持开放的原因是我们彼此之间很容易交谈。我们过往深深的羁绊总能让我们找到化解任何尴尬的方法，即使我们很长时间没有见面了。

在友谊中当然可以做出承诺，但它们与亲密关系中的承诺不同。你希望你的朋友是可靠的，但他们也需要自由地建立自己的生活，以最适合他们的方式面对困难时刻。你在人生某个特定时期遇到的人不会一成不变。就像你需要专注在你自己的发展过程中一样，他们也需要这样做。在成长中互相支持的朋友，必须找到更深层的东西来相互联结，而不是那些暂时的或表面的东西。在价值观、世界观、历史观等层面上的联系，以及彼此之间的天然吸引力，可以成为持久友谊的基础。笑声可以让你们走到一起，但你们在真实时刻分享的东西，才会让友谊真正有家的感觉。

另外，一段伟大的友谊不需要永远持续下去，才能成为你生命故事中不可思议的深刻部分。有时你会因为某个特定的目的而和一个人有交集，你们会花很多时间在一起，但是，随着彼此的成长，生活会把你们带向不同的方向。新的兴趣会让你踏上新的冒险之路。即使你们在一起的时间已经结束了，也没有失去真正的爱。我们能给他人的时间是有限的，尤其是随着年龄的增长。优先事项变得更加明确，有时这意味着牺牲。维持一段活跃的友谊需要精力和时间，但即使我们深爱着一个人，也不可能总是像我们所希望的那样一直待在一起。我们是人，留给自己和他人的时间都是有限的。

反思

你承诺不再重复旧关系的哪些方面？

你无私倾听的练习进行得怎么样了？

你能把注意力集中在对方的话上，而不立即思考你将如何回应吗？

你的个人疗愈对你们之间的关系有什么影响？

它是带来了挑战，还是为更深层次的联结打开了大门？

你的伴侣能做些什么来支持你的幸福？

你能做些什么来支持你伴侣的幸福？

你发现了什么有效的系统在争论中有效？

你们是否都从试图赢得胜利转变为真正去理解对方？

你如何描述你和你的伴侣或最亲密的朋友之间的沟通水平？

你们都分别掌握了自己的幸福吗？

你是否成功地释放了对彼此不公平的期望——比如，期待你的伴侣时刻保持完美，或者期待你们之间的关系永远充满乐趣？

第八章 疗愈期间的挑战

疗愈是为那些勇敢、准备好面对内心的人准备的。我们的内心有太多的东西，源于我们个人的情感历史，它们有时会让人感到压力巨大。你的旅程一开始的样子和你在内心发现的情感壕沟深处的样子，会有很大的不同。人们普遍认为疗愈不是线性的，这是完全正确的。疗愈的最深层部分以波浪的形式出现，在波浪之间有整合的时期，所以你可以联结新的你。在这个过程中，挑战将是独一无二的，取决于你的条件，也与你选择的帮助你追求更大幸福的方法有关。如果放下很容易，就没有人会受伤了。因此，放下的过程充满了起伏也就不足为奇了。但如果你能有意识地、开放地处理它们，并有一个敏锐的头脑准备学习更多，这些起伏将帮助你获得新的智慧。

衡量旅途中的进步

一个常见的挑战是，当你在这个过程中试图衡量你的进步、当你感觉到异乎寻常的“风暴”来临时，你不想评判自己，因为你的观点是模糊的。由于很多疗愈依赖于我们敏锐的自我意识，我们并不总能意识到我们是如何训练大脑成为一个类似显微镜的东西的，它放大了我们所有的精神模式和行动的根源。这种通过将注意力向内转移来增强我们意识的专注的方法，会促进新信息的涌入，帮助我们在更深层次上了解自己。

当我们一下子看到自己所有的不完美，试图从特定的时刻而不是整个旅程来衡量我们的成长时，这种新的清晰度被发挥到了极致。例如，我们有时觉得有必要把今天的自己和昨天的自己做个比较，或者把这个月的自己和上个月的自己做个比较。这些很小的样本量并不能完全解释疗愈不是线性的事实。在短时间内，可能会有很多往返的运动，高潮和低谷，或者关于我们自己的新发现，我们需要慢下来，这样才能充分整合这些新知识。或者，我们可能只是从过去积累了大量的反应，最终得以释放。不管怎样，我们对完美的执着会让我们渴望快速向上的进步，而这段旅程的真相要复杂得多，也不可预测。

的确，平稳开始你的疗愈之旅和认真对待你的发展的目的，是成为一个更好的自己。尽管如此，理解这一点至关重要，即使最终会有一个上升的轨迹，在上升的过程中，你也会遇到一个混乱的现实，即废除旧的、实践新的，这必然会伴随着生活中不断发生的变化。

如果你真的想好好审视自己，最好是与你开始所有这些内在工作之前的自己做比较。有意地放松这种微观的自我意识，后退一大步，审视你生活中更大的一部分，这会让你更好地了解你已经走了多远。你现在处理反应的方式和过去处理反应的方式之间的显著差异是进步的主要标志。如果你用比以前更低的强度来反应，并能够选择更有成效的选项来支持你的幸福和真实，那么你就走在了正确的轨道上。

这种更高层次的自我意识是有用的，但如果我们不在对的时间或对的地方谨慎使用，它就会让我们对自己进步程度的认识产生偏差。尤其重要的是，在你情绪最低落的时候请暂停自我分析。当头脑充满动荡时，就不容易很好地审视自己，也不容易进行客观的自我分析。能够意识到自己处于严重的低落状态本身，就是一种进步的标志。因此，要暂停对你所处位置的任何严厉判断，并消除对你的进步是否真实的担忧。当你经历各种情绪时，用这种清晰的能力去感受你所处的位置，这将帮助你从严肃的内心工作过渡到对自己放松，温柔地对待自己，直到“风暴”过去。

认识到低落的时刻，并把它作为一个信号，对自己和他人表现出耐心，这是你智慧不断增长的标志。它也会帮助你避免做一些你以后会后悔的事情，或者陷入任何不合逻辑的争论，因为你内心的紧张感才会迫使你去战斗。当你的内心经历“风暴”时，专注于温柔地度过你的一天，这不是假装或压抑你的情绪问题。这是一个关于尊重你的更大范围的实相的问题。是的，你感觉不太好，但你也明白，在你现有的紧张情绪上再加一把火，是不能让事情变得更好的。你唯一有益的选择，是感受你的真相的沉重，不要再给你的大脑已经在努力释放的东西增加任何重量了。

同样地，你也不要奢望每一天都是成功的。有些日子会很艰难，因为疗愈就是从根本上告别过去的你和旧有的生活方式的努力。这将是具有挑战性的，因为你将对抗你的旧有的人类习惯的趋向，并反复尝试激活你的人性。随着时间的推移，做真实的自己会变得更容易，但在开始的时候，你会觉得你得不断地刻意放慢速度，来打破旧有模式。它可能会让你感到乏味和疲惫，你需要投入很多来解开那些束缚你的绳结，但这将是非常值得的。

事实上，这段旅程充满了坎坷和倒退，之后才能有大的飞跃。你必须不断地解决你对完美的依附，并在它出现时识别出它，记住，这段旅程不会简单，并且会持续反复。这将是你情感史上独一无二的体验。从未知的黑暗到理解的光辉，这一过程不会完美无缺。所以要致力于你的疗愈，但是对自己要温柔。当我们开始内在之旅时，是在接受发展和繁荣的挑战。

艰难的释放时刻

当我们向内看时，必须有勇气，因为我们发现的往往是不和谐的。疗愈有助于净化心灵，但它会先向你展示那些让你最痛苦的模式。当我们花时间去探索自己的内心世界时，会发现太多被压抑的事情，许多过去的时刻和艰难的情绪都会浮出水面，等待我们去观察和释放。疗愈的困难之处在于，如果我们想要享受美好日子的光明，就必须甘于面对风暴。

即使不主动抑制，意识中也会积累很多东西。当你对特别强烈的情绪做出反应时，它们会在潜意识中留下印记，当大脑感知到类似的情况时，它会让你再次感受到同样的情绪。解开这些纠缠不清的负担，将我们自己从旧有的条件反射中解脱出来，当过去在我们心中活跃起来时，有时会导致一时的混乱；当它们经过并最终离开我们的存在时，我们的头脑会感到浑浊和密集。

当你正在建立自我意识，并试图打破旧有模式时，过去会以一种方式轰鸣在你的脑海中。长期以来在潜意识中积累的情绪反应会从深处升起，暂时动摇你的思想，使它变得模糊和黑暗。

如果你能以一种为现在和未来的成功做好准备的方式，来管理这些低落的时刻，就能从中受益。当你再次感到过去的伤害时，沮丧的时刻成为一种以健康方式处理事情的新机会，而不是重复过去的无用之举。最终，情绪低落的时刻会继续发生，但当你感觉自己准备好用温和与耐心来面对它们时，就会知道你的疗愈是有效的。在你的生命历史中，任何情绪都不会永久性地存在。

是时候进行深度释放了，过去的碎片在大脑中被清理的过程，会让我们在几个小时甚至几天的时间内感受到压力释放的快感。虽然这些时刻常常让我们感觉它们会永远持续下去，但要提醒自己，它们只是暂时的。打破对过去的“忠诚”，对旧有模式说“不”，有意识地把我们的精力放在新的积极的习惯上，有时会让我们在进入生活的新时代时感到恐惧或怀疑，但认识到这些暂时的时刻是对过去的摆脱，相信这个过程可以帮助我们更明智地度过疗愈期间的起伏。

放下的过程通常是无声的，但有时你必须感受你曾经拒绝或试图逃离的东西，让它完全离开你。当然，记忆不会消失，正是这些围绕着某些记忆或想法的情感能量，形成了我们必须训练自己使其消散的障碍。也许过去的情绪在被释放时会咆哮，但我们不需要以咆哮的方式回应。我们只需要让自己和真相在一起——和我们的真相一起成为疗愈的途径。

人们很容易将动荡时刻误认为是倒退。事实上，它们正在为迈出一大步奠定基础。“风暴”的来临有两个主要目的：它们给了你一个练习接受和温和的机会，同时它们会帮助你释放即将到来的一切。当你深入其中时，你会有状态不佳的时候，也就是你不能表现出百分之百最好的自己的时候。疗愈有时需要你将更多的能量和注意力集中在内部，这样你就可以解决在被释放的过程中厚重的条件反射。

当你感到极其焦虑不安时，需要意识到你的大脑会寻找对象（人、想法或处境），来集中注意力，这会导致焦虑进一步增强。紧张感需要燃料来燃烧，而这种燃料通常是那些阻止大脑完全接受当下的依附。一个已经陷入“风暴”的头脑往往会把理性和富有同情心的思考放在一边。当我们让沉重的精神支配我们的行为时，消极的攻击和不必要的冲突是很常见的。大脑对动荡比平静更熟悉。它倾向于在过去和未来的心理图像之间摇摆。平静需要进行有意识的心理训练才能获得，因为它只能在当下被找到。

如果事情变得过于艰难，那就需要你将这样做的信号融入你的社会团体——与朋友联系，或者联系你的治疗师或冥想导师，他们一直在告诉你如何驾驭内心世界，并在旅程中成功前进。如果他们帮助你打开心扉，那么他们应该能够引导你处理你旧有的条件反射。关键是要在“风暴”中温柔移动，与焦虑同在比加剧焦虑更有成效。

拥有一群可以成为你疗愈之旅中伙伴的朋友，这是一个令人难以置信的支持系统。和你一样采用类似内省方法的人，也会经历类似的起伏，更容易对你正在经历的挣扎产生同情。给别人帮助和支持你的机会，也是在给别人一个机会，通过对他们提供的善意和支持说“是”，来执行有益健康和有价值的行为。为别人服务很重要，让别人为你服务也很重要。当我们让别人帮助我们时，我们正在积极地放下以自我为中心的想法，即我们可以自己处理一切事情。人类注定要生活在群体中，这意味着要在这个我们称为“家”的社会群体中，找到给予和接受的平衡。当我们互相帮助时，我们同时实践了无私，并使我们自己的未来更加光明。每一个行动都会播下种子，这些种子会在我们的生命中开花结果。

不知不觉中，我们沉迷于疗愈和进步的线性概念。我们期望呈现平静、幸福不断增长的趋势。但是，说实话，疗愈更多的是与你当下的真实感受建立一种深刻而诚实的关系。无论你的情绪是好是坏，都是在鼓励自己和对你来说真实的东西在一起。

放下旧有的你

疗愈过程中的另一个挑战是放下过去的你。随着深度释放的继续，你的条件反射会变得越来越轻。这会导致你喜欢和不喜欢的东西发生重大转变，也会改变你在人际关系中寻找的东西。当你无意识地试图抓住过去的自己时，内心的挣扎是很常见的，因为那是你最了解的。我们渴望安全的领域，害怕未知。你过去常有一种依附，即使你自己的某些方面会让你感到很紧张。当你努力允许自己以一种新的方式看世界时，你的感知甚至可能会有一种推拉力。

因为你的很多感知，都是由你过去的遭遇决定的，会让你同时感到一种奇怪而令人耳目一新的感觉。因为不再根据你所记得的去不断地评估事物，而是去看待事物并接受它们的本来面目。把你的感知集中在当下需要有意识的行动。就像你必须放下一样，你必须接受正在出现的新的你，并坚持建立积极的习惯，以支持你内在的复兴。如果你对自己的疗愈是认真的，就需要让你的身份变得灵活，朝着最能支持你幸福的方向流动。

在你的疗愈之旅中发展成熟，意味着深刻地接受这样一个事实：你必须不断地放下过去的自己，即使是在很短的时间内。我们都是在不断变化的，但当我们开始给变化之河一个方向时，我们所经历的变化就会变得相当明显。

我一直认为自己是一个热爱和主要读历史书的人。但当我持续冥想时，新的自我出现了。

我开始对其他类型的非虚构书籍和文学产生了新的喜爱，我儿时对科幻小说的喜爱又重新出现了。现在，我尽量避免对我喜欢阅读的书籍进行严格的分类，转而遵循那个当下直觉认为对的东西。

允许自己以一种有机的方式向前迈进，总是向发展开放，这有助于你与天性的自然流动保持一致。大自然总是在变化的，没有什么是真正静止的。如果你看得够深，就总能发现运动的存在。同样的原则也适用于身份。你的存在处于永恒的运动状态。关于你，没有什么是静止的，即使在你最微妙的核心，也有变化的动态运动。在你的日常生活中，这意味着你理解自己的方式，可能会适应一段时间，但最终你需要抛弃这些理解，接受新的理解，为你的成长腾出空间。

自我喜欢标签，不仅是为了理解，也是为了获得更多依附之火的引子。标签的作用就像制动器，帮助我们抵抗自然变化的流动，有时它们甚至是一种对疗愈工作的阻力。

经过了一段时间的深度疗愈后，对曾经似乎有助于识别你的标签可能会感到疲惫；对曾经让你感到敬畏的理解，后来可能也会觉得它们缺乏复杂性或深度。随着智慧的增长，可能有一天你会觉得自己对宇宙的看法太局限了。疗愈是一种持续的成长状态。随着我们的成长，必然需要更精细和更微妙的视角，来帮助我们理解人类的处境。为了避免任何不必要的痛苦，我们不要执着于我们所知道的，要明白我们所持有的观点可能只是暂时的，要认识到获得更多的经验和智慧，将使我们能够放下曾经认为有用的东西。即使是在一瞬间，我们对自己和世界的认识也会改变，尤其是如果我们保持开放的心态，接受帮助我们找回力量、提高幸福感的成长方式。

即使是我们与过去伤害的关系，如果我们将它视为我们永远无法摆脱的静态事物，也会成为一种障碍。如果我们过于强烈地认同我们的创伤，它就会成为我们身份的重要组成部分，这可能会减缓我们的疗愈过程，因为我们可能会担心没有创伤的生活会是什么样子。成长本身就是一个创造与毁灭的过程。一个新的你正在不断地形成，因为旧有的你在衰退直至无形。

抓住过去的残余部分不放，只会拖延你抵达当下。如果你想以一种支持自己自由的方式生活，那你别无选择，只能放下。

当我们不再适应自己熟悉的偏好时，有时会感到奇怪。当我们意识到我们已经超越了过去的生活时，甚至会感到有点失落。在这些时刻，请提醒自己，有新的爱好，新的表达自己的方式和新的愿望，是很好的并且是有益的。为了充分接受成长，我们必须愿意冒险进入未知领域。

身份是很棘手的。你需要有一个参照系来帮助你与世界互动，但太多的身份认同和附加的标签，会让你远离无常的真相。智慧会欢迎你进入它的家，但在进入之前，你必须解除自己的武装。当你放下所有的想法和观点时，智慧就会发现你准备好了，而且配得上你。只有当你准备好不带判断、不带过去的感知去观察自己时，你才能进入它。了解自己是一回事，但永恒的智慧要求你通过放下一切来更进一步。

放下你对过去自我的认知，拥抱变化之河流经的每一个创造了你的感知的部分：只有这样，智慧才会把你引入自由。自由在终极现实领域蓬勃发展，在那里亚原子粒子的运动组合，清楚地证明了所有人类自我的虚无。因为我们的存在是短暂的，所以我们如何定义自己只包含短暂的价值。认识你自己是件好事，但更值得做的是解脱你自己。很多人忘却了，自由需要剥去我们曾经认为我们是谁的核心的标签和层面，在必要的时候带上新的标签和对自己的理解，但这样的理解，假以时日也会改变。你需要一个自我来巧妙地穿行于这个世界，但如果你想达到最终的解脱，就需要完全放下自我。平衡地生活在这两个真理之中，会让你更容易获得内心的平静。

接受慢动作

我们脑海中最有害的观念之一就是完美。我们期待它、渴望它，我们希望在生活和关系中看到它，但现实和完美的想法一直处于摩擦状态。现实是千变万化的。它是变化与不可预测性的结合。而完美正好相反。这是一种试图控制和保持事物在某种心理形象范围内的尝试。现实是动态的河流。完美是一幅静态的画。

特别是当涉及个人成长和人际关系的质量问题时，完美会悄悄地扭曲我们的看法，使大的事情看起来比实际情况要小，而小问题似乎被不必要地放大。我们这些希望过美好生活的人，不仅需要谦虚地质疑自己的看法，而且也应该定期检查自己，看看是否是完美控制了我们的思想而造成了紧张感。

当我们放下的时候，大部分生活就会变得和谐。如果我们能够树立目标，并通过不断接受进步，而不是为追求完美而努力，就能为持久的变革奠定坚实的基础。我们不需要急于变得富有成效。练习慢动作不仅可以减少内心的不安，还能让我们变得更有效率。

慢动作是有意的，有力的，经过深思熟虑的。勇敢地按照自己的节奏前进，将自己从任何自我强加的竞争中解脱出来，这是一种深刻的范式转变。把严格的时间表放在一边，拥抱有机的发展，保持专注、深思熟虑的行动，这将对我们取得什么样的成就产生巨大的影响。在内在成功和外在成功的方程式中，速度是一个很小的因素。我们最好把精力集中在努力、承诺和长期的一致性上。请记住：山脉之所以如此强大和持久，部分原因在于它们是在很长一段时间内慢慢形成的。

在标榜速度和生产力的社会中，慢是一种激进的行为。我们如此沉迷于快速前进，因为我们害怕落后。我们没有意识到对匆忙的需求，常常是我们自我强加的。我们的部分动机源于我们所认为的别人正在做的事情，但这些想法并不完全基于现实。它们在很大程度上是我们自己想象的产物。人类习惯对等级制度有一种依附，并且不希望处于底层。人类等级制度的观念，甚至会强加于成长、疗愈和智慧，因为我们会衡量自己与他人，看看“谁更好”或“谁领先”。

对速度和等级的依附是一种自我的病态。有目标并完成伟大的事情并没有错，但是当我们主要为领先他人所消耗时，就不再能以一种平衡的心态工作，在这个过程中，我们给自己带来了痛苦。如果你一直承受着这种自我强加的精神紧张感，那么这真的是一场胜利吗？不带依附地工作和创造，为自己和他人的利益而创造，没有严格时间限制地前进，在承诺和不让自己紧张之间找到平衡——这就是勇敢和明智的人度过生活的方式。

当身体疲劳时，大脑很快就会产生防御心理。当我们反复强迫自己完成很多事情时，就会忘记适当的休息，而陷入持续高效的循环中会耗尽我们内在的储备，有时甚至会让我们的思维失去平衡。由于疲惫而产生的精神紧张感，很容易演变成忧虑的叙述或进一步刺激大脑的虚假故事。当我们疲劳（或饥饿）时，大脑很容易跳到结论或对他人失去耐心。努力、高效工作并没有错，但要确保有时间休息，来滋养你的健康。当你尊重自己休息的需要时，前进的旅程将会更加顺利。

通过放慢速度来控制你的反应

放慢脚步，听从你的直觉

放慢脚步，恢复你的精力

通过慢下来进入此刻

慢下来感受你的真实

按照你自己的节奏走

当我开始更加认真地对待冥想时，我结交了几个同龄的朋友，我们去的是同一个冥想中心。他们有类似的奉献精神和深刻的承诺，要把自己从无知、痛苦和使他们陷入自我毁灭循环的旧模式中解脱出来。他们的努力让我深受鼓舞，因为他们接连参加静修，也花了很多时间为静修服务。我每年都会去中心冥想几次，或者服务为期 10 天的课程（服务是指你通过做饭来支持那些正在冥想的人），但我的朋友们从未真正离开过。每隔几个月，当我回来的时候，他们似乎更明智，更平静，更符合他们能够在身体中触及的真理。

尽管我为他们一次次经历这种转变过程的精神力量所鼓舞，但我也感到嫉妒的痛苦和被忽视的痛苦。我也想要自由，我知道自由需要付出真正的努力。为什么我不像他们那样住在冥想中心，以更加坚定的步伐在修行路上前行？我确实对自己的做事方式感到非常紧张和怀疑，我有一种强烈的渴望，想要做得更多。但是，当我审视自己是否有更多的精神空间和精力坐下来，更多地为静修服务时，我的答案是否定的。我觉得每年去静修几次，加上每天在家里坐上两个小时，就已经得到了足够多的东西。单纯地做更多感觉是不对的。我所经历的转变感觉已足够深刻，观念上的变化让我感觉到了这一点：我忙得不可开交。我学到了很多东西，但我本能地知道，在两次静修之间，我需要时间来消化这一切，并完全内化为新的见解。

我必须以谦逊重新联结，接受我自己的节奏这个事实——我必须认识到，每年花在静修上的时间已经是我所能承受的最大限度了。我也必须接受，在冥想之外，还有对妻子和家庭的责任。随着时间的推移我意识到，奉献不是用你有多努力或练习的强度来衡量的。它是由你坚持投入这段旅程的能力来衡量的，无论它需要多长时间。我的训练可以承受强度，但也需要一些慢速时刻来审视我真正放下了多少。此外，我感到一种强烈的吸引力，要留出时间去追求冥想帮助我发现的新愿望：一种不可否认的写作的冲动。

那时，我没有意识到自己是多么没有珍惜自己的旅程，把自己和别人做比较，是多么让我怀疑自己的进步和承诺。有这么多和我一样修行的朋友真是太好了，但我需要按照自己的节奏来，不要将我的旅程和他们的相比。有一些疗愈同伴能带给你力量，他们能分享你的内在旅程的起伏，他们了解你所走的路，支持你内心的成功，与他们进行讨论可以为你的生活带来光明的新见解。这些人是无价的，他们激发了你的灵感，让你可以继续在泥泞中跋涉，在自己的内在景观中开辟新的天地。但最重要的是要理解：你的探险者同伴们都在按照自己的节奏进行疗愈。保持适合你的节奏可以确保你以可持续的速度前进，这意味着你将能够更深入地钻研，你的旅程将更富有成效。

竞争以一种狡猾的方式潜入生活的方方面面，甚至潜入我们的疗愈之旅。渴望会让我们想要感受别人的感受，想要在短时间内克服大的问题，达到幸福的新高度，但真正的疗愈与速度无关，也一定无须比较。注意到我们内心的这些倾向，并让自己重新批判性地认识到我们的旅程是个人的、亲密的和独特的，这将帮助我们重新获得平衡，重新与可持续的增长速度联系起来。

可持续的成长意味着了解自己，了解自己能承受多少。这意味着在深度工作（会让你想起很多需要处理的旧事情）和创造充足的休息整合时间之间保持清晰的平衡。如果我们越挖越深，没有时间休息和放松，就会迫使自己陷入持续的不适状态，并为我们失去平衡埋下隐患。如果我们把自己逼得太紧，就可能会筋疲力尽，想要完全停止工作。当谈到疗愈自己时，成熟意味着不要一次性提出太多东西，否则会淹没你的精神空间。你肯定不想让自己承受过多的过去的创伤和情感历史而使你的系统“休克”。我们每个人都携带着如此多的、密集的条件反射模式，所以最好是寻求内部的小胜利，而不是一次性处理所有问题。尽管我们的问题不可思议地相互关联，但修剪杂草并没有错，这样你就可以使你的观点清晰，然后聚集你的力量，完全拔掉给你带来如此多痛苦的根源。建立你的自我意识，这样你就能清楚地知道你能处理多少，这将帮助你保持平衡。

整合期是按照你自己的节奏前行的一个关键的部分。你能从内心获得的智慧是强大而令人敬畏的。它可以动摇你的核心，完全改变你看待自己和世界的方式。花时间在真理上是难以置信的变革，真理不仅会对你说话，给你教训——它还会要求你学透知识学，无论你走到哪里都带着它。接受真实的自己，爱自己难懂的部分，用温柔的同情来面对自己，把这种更高程度的自我意识带到你的生活中，你的个性和行为会发生根本的转变。如果你想让你的漫长旅程持续下去，花时间适应新的自己是必要的。让你所学到的东西融入你的认知需要时间和意愿。在回顾所学的同时，为自己创造空间来寻找和探索新的节奏，这是为你未来持续成长奠定基础的工作。

反思

你一旦开启疗愈之旅，是什么挑战让你感到惊讶？

在刚开始疗愈的一段时间里，你有没有为自己处理了棘手的情况而感到自豪？

你处理它们的方式与过去有何不同？

你现在与你的身份之间是什么关系？

有更大的空间让它灵活变化吗？

有哪些古老的智慧曾经对你有用，但现在不太适合你的生活了？

你尊重自己休息的需要了吗？

你能注意到，当缓慢的时刻降临在你身上时，你是在接受它，而没有在抗拒它吗？

当谈及你的疗愈之旅时，你已经习惯自己的节奏了吗？

自从你的旅程开始，你的偏好有了什么变化？

你对放下过去的自己，有什么困难吗？

你是如何应对内心“风暴”的？

是什么触发了它们？

你有什么资源或技术，来帮你渡过难关吗？

第九章 向外延伸的内部变化

当你的思想开始更容易地与你的天性联系在一起时，现实生活中的变化就开始发生了。开始的时候可能很慢，但是，随着时间的推移，变化会成倍增加，你内心工作的影响变得不可否认。你对自己和世界的看法可能会发生很大的变化，以至于你开始觉得自己好像过着一种新的生活，好像重生了一样。最大的飞跃之一是，你的感知不再受旧的、不良的情绪驱动，而是更专注于接受实际发生的事情，还不会做出苛刻的判断。

能够以一种不再处于生存模式的全新的心态去看待事物和生活，是只有我们自己才能给自己的礼物。勤于自省会激活一种内在的转向，这会让你内心美好的一切都得到扩展，并使那些支持你幸福的健康品质主导你的思想。当你正在经历一个复兴的时刻，抓住过去于你毫无益处。你只能公正地对待你的发展，使之朝着繁荣的方向前进，并接受让旧的外壳破裂乃至破碎。这个大的扩展的挑战是释放你对过去的依附，增强你的勇气去接受你的自然展开。

创造力

当你能更深入地与你的人类天性联系在一起时，头脑就会更清晰，因为它不会那么专注于过去了。这种以全新视角看待事物的能力，将帮助你以新的方式解决旧的问题。陷入反复出现的问题的感觉，通常是由于我们无法清楚地看明情况。当我们一直通过过去的密集镜头来审视自己和生活时，很难想出新的策略来从我们的生活中移除这些障碍。你越能活在当下，你的头脑就会越清晰。这种清晰的视角可以帮助你看到比从自己的视角看到的更多的东西，让你对创造力的流动保持开放的态度。内心的平静和头脑的清晰是一个强大的组合，它能产生大量的原创的和富有想象力的思维。当大脑不感到匆忙，能够耐心地考虑一个话题时，一些最好的见解就会出现。一个放松的心灵是对洞察力开放的，它可以联结你之前的知识点并创造新的观点。改变生活的洞察力不是被迫的，它们会在自己的时间到来。你所要做的就是专注于存在和观察。

创造力是激发灵感的火花，它允许新的想法产生。当我们不再远离自己的时候，当我们与自己感受的内在联系强大而开放的时候，创造力是最强大的。创造力需要精力，而通常我们的精力都为担心、焦虑、恐惧或精神震荡所消耗。当心灵发展出和谐的且不再被人类旧有的习惯编程支配时，它更容易处于一种放松的状态，拥有丰富的能量。当大脑联结当下时，它是相当有活力的，因为你不会陷入旧的叙事中。这就是为什么冥想能让人恢复精力：你在练习个人的觉知和存在。无论你是否意识到你内心正在发生什么，还是你面前正在发生什么，有意的存在会帮助你对任何可能出现的创造力保持开放态度。

当内心不再背负过重的精神负担时，它就能以一种新的方式看待世界。内在的改变来自有意的疗愈，它不仅会影响我们的个人生活，也会对世界产生巨大的影响。疗愈为快乐和创造力打开了大门。不仅仅是艺术家，任何领域的任何人，只要认真对待自己的疗愈，就能给他们的工作带来新的见解。创造力和勇气有很密切的关系：勇敢地去开发新事物，让自己以一种不同于常规的方式走出去。创造力也会随着人群规模的扩大而增强。不仅科学家能有新发现，教师也能创造更好的教学方法，等等。人们将从集体层面产生对旧有方式说“不”的勇气，并为创建一个更加和谐的社会提出新的想法。想象一下这种政治和经济的解决方案，将会出现在世界各地的数百万人身上，他们正在积极地疗愈自己。

新的边界与新的行动

一旦你开始疗愈，对界限的强烈需求就会变得很自然。新的你的出现一开始是脆弱的——它需要防御和空间来完全成熟。在你蜕变的过程中，界限将扮演重要的角色，为你提供你所需要的保护，让你远离世界。界限是一种保护形式，帮助你与你要成为的人保持一致。不要把设限看作一种收回你力量的方式，它是一种有意设计你生活的方式。一旦我们开始观察自己就会发现，在过去，缺乏界限让生活变得更加艰难。

认真对待你的疗愈会让你更有选择地把时间花在一些人身上。你周围的人无疑会影响你。情绪不仅存在于我们体内。它还影响着我们的思想、言语和行为，并为整个空间的能量定下基调。你不仅应该意识到你释放的能量，还应该认识到你正允许进入自己空间的能量。最终，是你的感知和反应影响着你的思想，并对你的感觉产生了最大的影响，但是进入一个你正在努力打破的旧模式的环境，对你来说没有任何帮助。如果你想要保护正在培养的新的自己，就必须让自己远离那些让你沮丧的处境。你可以用一种既尊重你的真实，又不粗鲁的方式来做这件事，比如说“对不起，这并不适合我”，或者说“那对我现在来说不好”。当你不断地重申你内在的完整性时，人们所说的或所做的对你的影响就会变小。能够在生活中与自己想要的感觉和行为保持一致，这是非常成熟的标志。

建立在当下有用的界限，并在这个过程中检查自己，重新评估和改变它们是必要的。建立边界与建造一堵墙不同。一堵墙很容易成为阻碍我们进步和学习如何处理复杂的人际关系的障碍，而健康的边界将成为支持我们的福祉。墙是一种长期的逃避尝试，用来保护我们免受困难的感觉，但边界是一种暂时的空间需求，它随着你内心世界的成熟而变化。

为自己辩护，把那些伤害你的人从生活中清除出去并没有什么错，但最终我们不可能把所有挑战都从我们的生活中清除。我们的精力最好用来增加耐心和提高解决问题的能力，这样当问题出现时我们就能解决。每个人都必须找到自己与界限之间的平衡，看看哪些地方是必要的，哪些地方是过度的。没有人能像你一样了解你的生活方式，也没有人会在任何时候了解你的需求，除非你向自己和周围的人说清楚。你有权利设计自己的空间，以帮助自己茁壮成长。

当你开始和自己沟通时，处理友谊的方式也会改变。提高你的保持诚实和示弱的能力，会收紧和深化你的核心圈子。设限能帮你为你真正珍视的人际关系注入新的能量。建立联结需要时间和意愿，这意味着表面的联结会被抛在脑后。不是因为你粗鲁或刻薄，而是因为一个人的时间是有限的。特别是在一个通常是快节奏的和对技术要求很高的世界里，我们能给别人的能量也是有限的。重要的是，你终于能够关注那些对你来说很重要的友谊，这样它们就会开花结果。

你的核心圈子将由那些有活力的人组成，他们完全可靠，你可以与他们分享欢笑和真理，他们支持你的成长。你的友谊是一项重要的投资。他们是能让你在困难时期振作起来，在你成功时分享你的喜悦的关系网。你和不同朋友的关系会随着你的成长而发展。没有人能给你所需要的一切。但是你会有更多的交谈，能让你感到敬畏，改变你的观点，激励你采取行动，提醒你为什么生活是一个奇迹，你应该充分利用这些。你的自我意识和成长是你的地基，而你的朋友是支撑你屋顶的支柱。

你的思想和内心的变化，会产生反响向外延伸到你生活的方方面面。首先，它将从你的内心开始，这意味着你的感知及你与思想和生活的起伏的关系。然后这些变化就会慢慢渗透到你的核心圈子里，即使你周围的人并没有刻意改变自己。你行为上的改变会让旧的、长久的关系焕然一新，而且，当你改变和最亲近之人的相处方式时，这些改变会促使他们重新评估他们想要如何回应。有时人们会害怕这些改变，有时他们会为你的成长所鼓舞，发现这些变化令人耳目一新，这有助于他们鼓起勇气，跳出他们通常与你一起做事的模式。

当我开始经历自己的转变时，我和父亲的关系发生了巨大的变化。我们两个人总是很亲密，但我们之间有一段距离，因为我们之间没有强烈的情感联结。我们的关系是真实的，但如果再深入一些，也本该可以从更深入的联结中获益。他对家庭的爱一直很深；然而，主要表现在他为确保我们有住房和食物而付出的许多努力上。是我父亲把我们全家带到了美国；他带头冲锋，以便家人们可以向前迈进。我从来没有怀疑过他对我的爱——从他为了满足我们的迫切需要而不知疲倦地工作中就可以明显看出。

当我开始疗愈我的心灵，加深我与真理的联系时，我发现我对他，以及他为我们所做的一切，包含了如此多的爱和感激。我知道，他有一个比我更艰难的童年，加上作为一个贫穷移民的艰苦斗争，随着时间的推移，他变得坚强起来。他不常表达对我们的爱，也不喜欢拥抱。在我开始冥想后不久，我鼓起勇气试图改变我们的关系模式。有一天，当他下班回家时，我给了他一个大大的拥抱，那个拥抱是一个开始，之后我经常拥抱他，并告诉他我爱他。我给他的爱软化了他的心墙，这些心墙是久而久之堆积起来的。他开始告诉我他也爱我，慢慢地讲了更多他的故事。我示弱性的表现改变了我们之间的互动关系。他开始敞开心扉，这让他变得更加真实，甚至更加年轻了。他不仅开始拥抱我，还开始拥抱家里的其他人，告诉每个人他爱他们。他觉得没有必要再一个人安静地独自承担情绪低落的负担了。一个拥抱和简短的 3 个字永远地改变了我们的关系。这些举动开辟了许多新的深度路径，直至今天，当我们一起摸索着生活时，关系也在继续发展。

有趣的一点是，在我自己和其他人的生活中已经重复了很多次——在你最亲密的圈子里，不需要每个人都刻意经历一个内省的疗愈过程，关系才会开始改变。如果你认真对待你的疗愈，你与你的核心圈子交往的方式将变得更加真实，你将有更多的勇气活出真实的自己。那些对你的新行为持开放态度的人，可能会把它们视为一个信号，表明他们可以更开放，而且对他们来说在你面前展露脆弱的一面同样是安全的。当然，有些人可能会对你的真实感到困惑或反感，尤其是当他们与自己的关系还太遥远的时候。最终，如果他们真的爱你，就会接受你，因为你经历了疗愈发展的不同阶段。他们会意识到，你正处于绽放出最好自我的过程中，他们会很高兴地支持你。你行为改变产生的能量会引发连锁反应：打破你们之前的模式，打开你们之间的空间。当诚实和示弱受到欢迎时，爱更容易流动。

社会团体

下一个感受到你转变浪潮的圈子是你的社会团体，它包括你居住的地方和你谋生的工作环境。在这个更广阔的空间里，你会和很多人互动。有些互动你喜欢，有些你可能会觉得困难。我们从自省中得到的最大收获之一是，对他人产生更强的同情心，这来自我们对自己的故事是如何影响我们的模式的了解。佛教信徒佩玛丘卓（Pema Chödrön）曾经说过："同情不是疗愈者和受伤者之间的关系。这是一种平等者之间的关系。只有当我们充分了解自己的黑暗时，才能与他人的黑暗共存；当我们认识到我们共有的人性时，同情心就会变得真实。"当我们自己理解生活有多困难——以及这些困难如何影响我们看待事物和行为的方式——就会激发我们对我们与之互动的人的新的同情。即使在那些我们不喜欢的人身上，我们也能看出他们的行为模式一定来自某个地方。也许在沉重、冷酷的外表背后，有一些创伤或悲剧，驱使着他们的生存哲学和自私行为。我们不仅培养了更多的同情心，而且也在与他们的互动中减少了紧张感，这将使我们与每个人的相遇都变得更好。

当通过自我疗愈来减轻头脑中的负担时，我们通常会有更多的精力来生活。在我们的社会团体中，这些意味着我们有了更多的精神空间，来参加与我们新发现的价值观和愿望相一致的活动。既然我们离自己不那么远了，现在就可以更接近我们的社会团体，并采取直接行动，尽自己的一份力量来帮助塑造它。当我们看到自己的挣扎时，也就开始看到每个人都有自己的负担。新能量和同情心的结合，让我们审视周围的环境，找到一条可以帮助我们减轻痛苦的道路。

传统的真理与终极的真理

内在智慧的提升会引起我们对自己和世界的看法发生巨大的变化。打开幸福之门的最重要的真理，是认可变化在一切存在中所扮演的不可否认的角色。我们越理解变化，就越快乐。我们过去的大部分内心斗争，都围绕着对变化的肤浅理解——我们认为它是缓慢的、在我们之外的东西，没有意识到它是我们根本的本质。没有变化，什么都不存在，因为变化，我们才有机会暂时存在。变化允许人类生命本身的存在。变化的真相是人类状况的核心。我们不仅在原子层面上迅速变化，而且在构成我们思维的所有方面都在迅速地变化。任何移动的东西都处于变化的状态。如果你把这个真理深入微妙的层面，就会发现我们是谁只是一个瞬间的结构，是一系列快速的组合结合在一起，创造了我们存在的形象。我们是一个非常复杂的集合，以惊人的速度移动。对我们自己来说，我们觉得自己是真实的，但我们现实的真实本质基本上是在不断变化的。你的哪个原子是你？你是哪种不断变化的精神状态？你是哪一种转瞬即逝的经历？如果你把所有这些方面分开来看，哪一个是你呢？我们的存在更类似于一条流动的河流：虽然河流在那里，但它处于不断变化的状态。当你指着河流的一部分说这就是河流时，奔流的河水已经改变了。人类也有同样的特性，尽管我们的眼睛和大脑很难完全理解这个概念。

事实是，我们本质上不是稳定的或静止的，我们的自我难以置信地短暂和虚幻，可能会让人感到畏惧，自我尖叫着说："我当然存在。"必须一直支持我们是谁，捍卫我们心中的形象，这就是持续的压力来源。"我"在传统层面上是有帮助的，因为，是的，你和我在这里，我们必须处理每天的现实生活。但在更根本的层面上，"我"不是真实的，在你内心的平静中放下它，实际上会让你获得培养真正平静所需要的灵活性。放下这个"我"，你将会发现自己真正的力量，以达到人类心灵中所包含的最优秀的品质。佛陀所称的"天界"（heavenly abodes），或"四梵住"（Brahma Viharas）——慈、悲、喜、舍的品质——在没有"我"的情况下蓬勃发展。爱是如此强大，它甚至有能力保护你——爱的真正力量不会让你成为一个容易被打倒的人。一个内心充满真爱的人，会在必要的时候采取必要的行动来保护自己，而不会在心中对攻击他们的人产生仇恨。他们只会做必要的事情来缓和局势。和谐产生和谐，即使需要采取严肃的行动。

即使我们是精神和物质不断移动的、暂时联合在一起的组合，常规的存在也有着真正的影响。在终极层面上，我们根本不存在；但在常规层面上，我们是存在的。这两件事都是真的；我们的这两个层次的存在并没有互相否定。能够在这两个真理的平衡中生活，可以帮助我们放下与自我感有关的痛苦。人们对我们的狭隘和不友善的看法，以及对我们的情绪影响也会减小。想要以特定的方式被关注，会觉得没那么重要了。想要在想象中的社会阶梯上竞争和提升，也会觉得没那么重要了。更重要的是过真实的生活。“我”这个概念，当它变得太大时，会使我们自恋和以自我为中心。“我”让我们更容易扭曲逻辑，这样我们就可以对不友善和自私的行为感到满意。与此相反的是“我”的消解；当我们无私地成长时，与他人建立联系就变得更容易，爱也变得更有可能。我们对扩大“我”的感觉的压力减轻了，更容易专注于健康的生活方式。

我们要平衡世间万物，生活在我们的家庭、朋友和社会团体中，以及我们自己和我们周围的一切都是一系列快速变化的亚原子粒子，它们在无常的组合中移动，这一终极事实最初可能会让人感到棘手。但是随着时间和意愿的改变，我们将能够使用关于改变的最终真相，来缓解在世间生活迅速累积的压力。当我们将现实看作每日生活的时候，很快就会迷失在幻想中，失去了改变之道能给我们的生活带来的智慧和滋养。当我们不再执着于“我”，明白我们这些观察者也是一种无常的现象时，就能在这个被称为生命的美丽机会中联结并流动，获得更多的智慧。

请像河流一样流动。

向外移动

受你的转变影响的最后一个圈子是世界。即使你是数十亿人中的一员，你的思想、言语和行为所创造的波浪也会被整个人类感受到。你身上的变化也反映了许多人正在经历的事情。这种全球性的内省工作的爆发不仅发生在少数人身上；它正在以巨大的规模发生。现代圣贤吉杜·克里希那穆提（Jiddu Krishnamurti）说过："改变一人，就是改变千百万人。"当前，心理治疗和冥想正在迅速遍传全世界，给这个想法打了个感叹号。历史将会注意到这一时刻，无数人都在向内反省他们的过去和内心的动荡，这样他们"出来"时就会更自由、更快乐。数以百万计的内部变化无疑将对世界产生强大的影响。事实已经证明，当人们团结起来时，历史就会改变——美国的民权运动就是这一点最明显的例子之一。现在我们来看看人们一起移动和疗愈，将对人类的现在和未来产生什么影响。我的希望是，在我们疗愈的推动下，这波新的变革浪潮将有助于为全世界所有人，建立人类尊严所需要的基础——这意味着结束饥饿和极端形式的贫困，获得医疗保健，并为所有人提供良好的教育。

当你的心里开始对自己和他人洋溢着更多的爱，当同情心在你心中强烈绽放，当你的认知不再受过去支配，当你感觉更容易获得清晰的事物时，你看待世界的方式就会很自然地发生根本性的转变。爱是一种强大的力量，能给生命带来和谐。它激励你温柔地对待他人，尽你所能将和谐带入他人的生活。爱不要求我们耗尽自己，但它确实要求我们要尽我们所能去服务，并提供我们的技能和精力来支持他人过得更好。在这个世界上，我们所意识到的很多伤害曾经都是可以忍受的，因为我们忽视了自己所受的伤害。我们很容易认为事情就是这样，因为我们没有明确的方法来缓解我们自己的条件反射。当我们鼓起勇气在受伤的森林中找到自己的路，并清除阻挡我们人类天性之光的沉积条件层时，就得到了自己需要的第一手经验，即改变的可能性。一旦我们看到内在的改变是真实的，它就会使外在改变的想法看起来更容易实现。

当你转变后，用清澈而充满同情心的新视角看世界时，你会注意到事情已经失衡，世界上可以有更多的善良。不只是人与人之间，还包括人与人类创造的结构之间。你的自爱和不断增长的同情心，会把你和自己的声音联系起来，帮助你看到自己比以前所认为的要强大得多。这种自省的过程，不仅会改变你对生活的勇气，还会帮助你有勇气与他人一起努力建设一个更美好的世界。

有趣的是，在某些情况下，即使个人对自己有更高的标准，但一旦我们开始在大团队中工作，就会接受不那么有利于集体福祉的结构。作为个体，我们努力变得更善良，但作为群体，又太容易把善良扔出窗外。人类群体倾向于把做出改变的责任放在他人身上。这种责任的转移变成了一个永无休止的循环，导致没有发生真正的改变。为了打破这种循环，我们需要承担更多的个人责任和集体责任。

我们知道人与人之间的同情心是真实存在的，但我们这代人——疗愈的一代的任务是要弄清楚如何将人与人之间的同情心扩大到结构层面。爱会激发更多爱的产生。如果更多的人为爱所引导，并寻求用他们的生命为世界带来更多的和谐与宁静，就有可能创造出新的制度。我们需要大胆地表达我们的爱，让爱引导我们去创造一个由结构性同情定义的世界。

反思

从你开始了疗愈之旅，内心升起了什么新的渴望？

你在家庭或者在工作中，改变了你的表现方式吗？

你对世界的看法改变了吗？

是在哪些方面呢？

你内心增长的同情心是否让你相信了新事物？

这让“过去的你”感到惊讶吗？

拥抱改变是如何影响你的生活和你看待自己的方式的？

它能让你放下的过程更顺利吗？

你认为自己是静态的还是动态的？

自从开启了疗愈之旅，你与自我的关系得到了怎样的改变？

第十章 使世界和谐

我在波士顿的牙买加平原社区长大。在改造之前，牙买加平原的大部分地区是非常多样化的低收入社区。我的邻居主要由来自拉丁美洲不同地区的人组成。我周围的人几乎都是工人阶级，中产阶级的人很少；财富似乎离我们很遥远，只能在电视上看到。即使是我的高中——波士顿拉丁学院 [Boston Latin Academy，不要和更富有的波士顿拉丁学校（Boston Latin School）混淆]，当时也被认为是全国最多元化的学校之一。虽然我是移民，但我不觉得自己是“他者”。我的许多同学也是第一代美国人，和我一样面临着同样的精神压力和金钱压力。

直到我进入卫斯理大学读大一，我才明白世界的极端。我知道小镇的环境与波士顿不同，但除此之外，我真的不知道会发生什么。卫斯理大学的校园很美，就像电影里的场景一样。但很快，我对自然的所有关注，就转移至开始意识到我周围大多数人是白人这件事上。这本身并不令人震惊，因为我家最好的一位朋友是白人。但他没有自己的私人飞机，而我宿舍里的几个室友真的是坐私人飞机来的，这让我大吃一惊，让我看到这个地方的财富比我以前想象的要多。当我开始在校园里找兼职工作时，我意识到我是宿舍里唯一一个在找兼职工作的人。我周围似乎没有人担心钱或每学期都在增加的贷款。比我的银行账户和同学之间的差异更让我受刺激的是，我在受教育方面是多么落后。和我一起上大学的很多人都曾就读于精英私立高中，这让他们在卫斯理大学有了很大的优势。我几乎总是觉得自己落后了，这是一场持续的斗争。

我爱和我一起上大学的人。我的妻子，以及我现在最亲密的朋友，都是我在卫斯理大学时结识的。所以我永远不会改变我的历史，也不会对他们怀有任何怨恨，因为他们只是他们所处环境的产物。我也不会改变我上高中的地方，因为那里培育了我进入卫斯理大学所需要的动力。在这种悬殊中生活了四年，对我来说是具变革性的，它告诉我这个世界是多么失衡。这些经历让我对世界上存在的极端情况有了清晰的认识。在某种程度上，感觉就像有两个世界——在一个空间里，人们很自然地为金钱问题而斗争，接受较少的教育；在另一个较小的空间里，金钱从来都不是问题。

我们很容易看到这个世界中平衡的缺乏，并陷入指责之中。但更有帮助的是理解事情为什么是这样的，并开始改变它们。很多人被困在有害的系统中，但指责个人并不能改变系统本身。一个更成功的方法，是从宏观上看世界是如何形成的，并作为一个集体来重新设计世界。在我们能够有意识地通过创造结构性的同情来到和谐世界之前，有必要了解我们当前的集体问题及其与人类思想的联系。

在试图理解社会的构成方式的时候，古代的短语“在上如同在下”（as above so below）尤其相关。我们今天生活的世界，是由人类内在的美和粗暴的总和创造出来的。我们的世界并非偶然。它反映了人类目前的成熟程度。达到结构性同情的主要障碍是自我，以及它造成的分裂和等级。如果没有一场大规模的疗愈运动来帮助稳定社会，就不可能有一个更好的世界。

生存主义者的思想通常是以自我为中心的，其视野被两个主要的动机缩小：渴望和厌恶。尽管这二者让我们的大脑充满了大量的紧张感，但我们仍然停留在这个斗争的循环中，因为我们过去的反应不断加强这种条件反射。直至我们完成内在的工作，发现我们的天性之前，除了不断地渴望和这些渴望产生的恐惧之外，很难对任何事情做出反应。渴望和厌恶是无知之子。我们每个人都存在，并根据不完善的信息做出决定。人类受到感知的限制不能立即公正地评估事情，因为我们必须用我们的意图来释放影响我们感知的过去。改变我们的看法——必须教会自己更加客观，而不是被情绪反应驱使。

自我本能地产生摩擦。它使我们把同胞视为竞争对手，并迫使我们在心理上建立等级制度，其中一些人高于另一些人。我们设计内部群体和外部群体作为防御措施，即使没有什么值得我们防御的。自我创造了让我们为权力而斗争的局面，而不是为了更大的利益去共同努力。无论是我们站在家庭或社区的社会阶梯的何处，我们有多少财富，或者我们看起来有多聪慧或明智，与他人相比，自我使我们的思想陷入想象的比较中，占用了我们大量的精神能量。唉，最初在脑海中想象的东西，通过我们的行为在世界上变成了真实的形状——造型和塑造社会，以反映我们内心的不平等和恐惧。最终，我们的集体自我创造了系统，随着时间的推移，这种伤害会固化为制度形式的伤害。

自我通过对匮乏的假设，来控制我们的思想。它促使我们在社会团体中争夺宝贵的职位，因为我们担心如果不遵守并参与游戏，就可能会一无所有。自我产生于对生存的渴望。以生存为视角的生活，不仅会让你的内心世界充满痛苦，也会给外部世界带来类似的紧张感。严酷和不可原谅的思维模式已经形成了具体的形态，形成了严格的外部划分，使我们远离好的生活，无法像自由人一样生活在一起。

自我是不稳定的、易燃的。它在极端之间摇摆。它可以在某一刻对某种东西感到极度贪婪，然后很快就会对另一种东西感到厌恶。无论何时我们接触任何东西，都会迅速评估它。我们的感知不断地决定着某件事是好是坏。这种不断的评估状态，是由我们过去的经历所驱动的，它阻止我们清楚地观察现实。观察和判断不一样。观察是一种存在的行为，它与无私相结合，当你暂停你的观点，就可以客观地接受正在发生的事情。相比之下，判断源于接受你通过有偏向性的感知而获得的信息，并受到自我的影响。通常情况下，我们的评估充满了反应性的情绪能量。如果我们的身份受到攻击，自我就会充满带有紧张感的防御心理。它寻求任何有助于保护它在我们生活中真实或想象的影响的策略。

如果我们只专注于在我们共同拥有的外部人际空间中创造变化，就永远不能应对社会问题的根源——个人。如果我们想要治愈这个世界，不仅要重新设计世界，还要帮助个人疗愈那些给他们造成伤害的创伤。美国著名的冥想老师约瑟夫·戈尔茨坦（Joseph Goldstein）曾写道：“在最深层的层面上，像战争和饥饿这样的问题，都不能单靠经济和政治来解决。它们的根源是人们心中的偏见和恐惧，而它们的解决办法也在人们心中。”如果我们想成功地建立新的全球和平，个人的疗愈和全球的改变必须齐心协力。如果我们能够减少人们所承受的创伤和伤害，和平将开始在世界上更广泛地流动。

那些秉持伟大的价值、希望看到世界发生积极变化的好人，往往会为他们自己未能疗愈的痛苦和反应模式所阻碍。当你不知道你的情感历史时，当生活充满挑战时，它会爆发并消耗你的行动。即使你举起了希望的旗帜，如果你从来没有花时间向内走，掘出操纵你思想的渴望、厌恶及无知的根源，你也很容易放弃它。

人类一次又一次地面临的最大问题之一是，我们想要一个更美好的世界，一个被治愈的世界，但是我们并没有被疗愈到足以创造一个新世界。通常，在我们试图创造一个更美好的世界的过程中，最终会重新制造出我们一开始实际上试图消除的伤害。特别是当创造一个更美好世界的运动，开始获得能量和动力时，未被治愈的自我的缺陷将开始出现。如果渴望仍然根植于你的脑海中，那么它有可能支配你的行为并造成伤害。

权力的作用就像磁铁，能揭示出你最粗糙的模式。就像火上浇油一样，力量常常会助长以自我为中心的思想。

被疗愈的人性创造的圈子

我们的下一个全球社会必须更加自主，为了实现这一点，我们需要将我们的组织设计得更加灵活。为了将权力分散到更多人手中，需要开始以循环的方式思考，让权力和财富更平等地分享，而不是只是向上流入少数人手中。通过合作社、工人所有的企业、互助基金和横向经营的组织，循环设计已经得到了一定程度的普及。更好地分配财富和权力的方法并不神秘——人们已经建立了一些模式，并已成功被使用。

社会的循环模式要求我们发展民主理念，同时去深化它，以便让更多的人可以参与制定法律并投票表决。让一小群人对我们共同的未来产生如此巨大的影响，这是导致不满和伤害的原因。让更多的人参与我们的地方和国家民主治理，将对人类产生疗愈作用。从我自己的经验中可以看见，当权力分配更加公平时，人们是如何变得活跃起来的。我在 BYOP 这一组织工作期间，以及后来在一个名为“青年反对大规模监禁”（Youth Against Mass Incarceration）的组织服务时，他们向我展示了人们是多么感激参与做出重大决定——他们往往在这个过程中成长起来。在 BYOP，我们会花时间谈论我们所关心的学校或城市的不同问题。然后，我们会在全市范围内的会议上，从大约40个人的提案中甄选我们真正想做的事情。当获得明显的多数票时，我们就开始为新的活动制定策略。我从同龄人身上看到的是，因为我们共同决定了我们要做的工作，因此每个人都有一种对活动的主人翁意识，这让人们更兴奋地成为活动的一部分。我们不仅为工作指明了方向，而且彼此之间建立了深厚的联结。来自波士顿不同地区的人们，如果不是因为这个空间，就不会见面并最终发展出持久的友谊。

成为进程中的一部分将有助于你体会这种力量的变革。我记得当我第一次见到我的朋友科瑞娜时：她会来参加BYOP的会议，但她害羞又安静。随着时间的推移，她被赋予了更多的责任，她内心的领导意识觉醒了。在这个小组里，她最终成了每个人寻求指导和灵感的人之一。现在，作为一个成年人，她表现得既大胆又优雅。她成了一个高度循环的民主进程的一部分，这件事在她的变化中发挥了关键作用。

如果我们能互相交谈，发现在我们渴望的东西上有大量的相似之处，我们就能在大脑中把彼此当作真实的人来看待。当你不知道一个人的名字、故事或家庭时，你很容易将其“非人化”。我们可以通过赋予人们掌控社会团体的权力，来对抗疏远，并且振兴团体。允许公众决定如何在他们的社区使用被称为“参与式预算”的政府资金。这是深化民主的不错方式，让人们更多地参与其中，而不仅仅是每隔几年投一次票。我们不仅应该恢复市政厅，还应该赋予它权力。当你了解了你的邻居时，就不太可能伤害他们。

创造一个更人性化的社会的唯一方法，是确保事物的设计有多种选择。如果人们在一个金字塔型结构的组织中愉快地工作，那么他们就不应该被打扰。但如果人们想要在循环模式中创建新的群体和机构，社会应该支持他们。重要的是，人们自愿地处于他们所处的环境中。随着人类的成熟，我们的任务是为所有人提供更多的机会。如果其他人正在寻找更多的机会来行使他们的权力，他们应该有这样做的途径。重要的是我们按照自己的想法行动，社会会支持我们的创意。我们应该有做自己喜欢的事情的自由，只要在这个过程中不伤害他人。

平衡而不是极端

人们对改变的普遍反应是恐惧，对于一些人来说，当我们谈论在社会中创造改变时，这种反应甚至更加明显。一个积极的改变并不需要显得很可怕，特别是如果它是缓和的，并且适用于建设性的理解，帮助人们尽可能地远离极端。让我们自己陷入极端状态是导致我们现在的状态的原因。任何旨在帮助建立一个更美好未来的改变，都应该保持平衡。在这个意义上，平衡是对所有参与者的同情，希望将处境提升到一个新的和谐程度。当我们面对任何重大的全球性问题时，都应该积极地采取行动，希望为社会的结构设计带来更多的爱，并拥有一颗寻求平衡而不是极端的心灵。

不可否认，由于集体影响，我们正在经历气候紧急情况。

尽管气候不稳定性增强的想法令人生畏，但这场斗争也是我们重新思考作为全球人民如何发挥作用的最大机会之一。我们需要从各个角度解决这个问题——不仅要创造真正清洁的能源，严格控制企业大量的化石燃料排放（碳排放项研究发现，70%的排放源自仅仅100家企业），还要增强我们对灾难来袭时“授权护理”是什么样子的认识。例如，如果我们能够以更大的同情心来处理破坏性的天气事件——即使在摄像机“消失”后，受影响的人仍然得到照顾，这将表明我们的同情心是真实的。爱不是在困难的时候才出现。它在困难来袭之前就在那里，在困难过去之后仍然存在，因为人们重新站起来需要时间。希望我们的创新能够引导我们建立循环经济，减少浪费，不再依赖无休止的增长模式。我们只能从地球上获得这么多。如果我们把我们的家园推向极端，它将不再能够滋养我们。

种族主义和父权制需要与同情心直接对抗。这两种社会弊病已经造成了足够多的破坏和分裂。为所有人创造公平的竞争环境，并不意味着我们的目标是强迫所有人变得都一样。真正的目标是培养人们，让他们能够真正在球场上比赛。这不是要创造新的、不公平的优势；相反，这是为了扭转继续不公平地造成社会分层的历史趋势。那些不属于受压迫群体的人通常担心，推动更多的正义、平等和包容，意味着那些通常没有从社会结构中受益的人将会扭转局势，成为新的权力拥有者，对以前掌握权力的人发号施令。事实远非如此。从长远来看，如果人类想要成功，那么一些人控制另一些人的旧游戏就必须结束。

战争是不成熟明显的标志之一。为了少数人的利益而屠杀许多人，是历史上给人类造成创伤的悲剧。为了控制和自我游戏而通过暴力做出反应，我们的集体不堪重负。如果我们要真正认为人类是文明的，就必须跨过一个关键的门槛，以非暴力的方式解决分歧。用同情的态度来处理分歧是可能的，这样各方都能被倾听，新的和谐就会被创造出来。要实现这一点，需要发生范式的转变，让大量的人深刻地理解人类的生命是绝对无价的，社会应该围绕支持生命的繁荣而运转，即便那些强大的权力集团不同意。

摆在我们面前的另一个巨大挑战，是确保我们创造的网络未来实际上是在为我们服务，而不是伤害我们。对用户毫无道德感或同情心的未经检查的算法，可能会产生令人难以置信的有害结果。我们最不需要的，就是通过技术放大我们性格中粗糙和沉重的部分。如果我们用来联系彼此的网络媒体，在不知不觉中增强了我们的渴望，把我们放在一个只能看到自己喜好的小泡泡里，这不仅会加深精神的紧张感，还会限制和减缓个人成长。网络人际关系可以成为帮助我们建立一个更美好世界的关键工具，如果我们用它来提升而不是诋毁。社交媒体只是我们自身的反映。它可以显示我们的粗暴，也可以显示我们的爱。我们需要通过富有同情心的设计形式，来确保我们将当前和未来的在线平台人性化。我们的技术应该联结和通知我们，而不是让我们上瘾或更孤独。所有平台都应该有意识地在创造产品时考虑到用户的利益。

我们不想制造另一个极端，让少数人对大多数人发号施令。在我们心中生长的爱，呼唤我们让社会更加公平，让所有人都能获得他们所需要的繁荣，过上他们所希望的生活。就像两个人之间的关系一样，在我们这个伟大的集体中也会如此。我们的目标是支持彼此的幸福。我们不能让对方快乐，因为快乐是来自内心的。但我们可以观察当下的状况，做出我们需要的调整，这样彼此都拥有幸福就有了更大的可能性。

自我喜欢别人和自己持有同样的想法。它渴望相似性。但这与自由是直接冲突的。我们需要提升精神敏捷度，能够欣赏不同的观点。当我们在最初阶段没有相同的观点时，一群人会想出很好的解决方案。我们分享我们所知道的，进行清晰的交流，这样我们就能提出更好的计划。让自我控制我们如何看待世界的方式对我们没有帮助，因为自我通常处于生存模式，而我们已经不在那里了。我们正在努力进入一个富有同情心的时代，在这个时代，所有人都能分享人类创造的巨大财富。超越自我和基于同情的思考，将帮助我们履行我们对自己和家庭的责任。与此同时，它将使我们能够以更复杂的方式思考，以便我们同时为整个人类的更大愿景采取行动。

我们最大的障碍将是自我的恐惧和渴望控制。恐惧使人类不想分享富足。我们对控制的上瘾让我们害怕，如果我们试图照顾世界上每一个人，就不得不放弃自己的自由和资源。事实恰恰相反。当你周围有这么多苦难的时候，就很难让自己和他人感到完全快乐。如果我们共同努力减轻这种痛苦，集体环境就会变得更轻松。事情不会完美，但是，消除物质上的痛苦——如饥饿、住房匮乏、教育匮乏和医疗保健匮乏——肯定会对每个人的幸福和意识面貌产生积极的影响。互相照顾会给我们更多的自由，让我们可以专注于从自己被治愈的部分中创造文化和艺术。如果生存不再是我们主要关心的问题，就可以将注意力转移到生活中更美好的方面，并努力使我们最深切的愿望成为现实。蓬勃发展不仅是培养健康的心态，还是把你想在世界上看到的东西带到生活中。当你诚实地看待这个世界时，它可能会看起来势不可挡，你也许会想知道，作为一个个体，你如何可以让世界变得更美好。通过与你的兴趣联系起来，你可以找到自己适合这个活动的位置。你理想中的助人方式是什么？如果你是一个组织者或企业家，用你的勇气和创造力来创造你所知道的世界上缺少的东西。

一项具有大胆使命的新冒险，能不由自主地吸引志同道合的人。我们也不需要一切从零开始。一些研究表明，我们可以更多地了解自己感兴趣的领域，并为已经建立起来的组织提供一些时间。重要的是，你正在寻找一种让你的同情心活跃起来的方法。看起来每个人都不一样，但如果更多的人去尝试，人类一定会向前迈出积极的步伐。如果一个人改变了自己，使自己变得更好，在世界上产生了积极的影响，想象一下，成千上万的人在克服限制他们的负担时，可以做些什么。那些认真对待疗愈的人，会更好地平衡对自己和他人的同情。他们不会陷入极端；相反，他们会在力所能及的情况下给予爱和支持，并注意让自己的“水箱”装满。

作为现代人，我们面临的挑战是超越表象，看到更有深度的微妙的真理。每天，我们都被信息淹没，这些信息被缩成小块，旨在让我们有特定的感觉。让你的情绪被你接收的信息感动很容易，但这是不健康的，也不会支持你的内在力量。数字世界会像一架钢琴一样演奏你的情绪光谱。我妻子喜欢开玩笑说，她不得不停止看职业足球和一些电视节目，因为它们太容易操纵她的情绪。信息很少客观地被呈现；它会被包装在一个通常隐藏在背景中的叙述中。信息将以一种降低复杂性且耸人听闻的语气呈现，以吸引人们点击和观看。

我们生活在一个真理稀缺、但观点丰富的时代。虚假信息之所以猖獗，是因为注意力真的能创造利润。当你明白你的注意力是宝贵的，整个数字世界都在争夺你的注意力时，你会更加谨慎地选择你的注意力朝向。如果你不想被别人告诉你该相信什么——如果你不想被数字孤立和利用，你就必须有批判性和目的性。

向前迈出重要的一步

我们需要消除极端现象并实现平衡的明显领域之一，是全球贫困和财富不平等领域。我们生活在一个财富已经达到非凡、几乎深不可测的高度的时代。我们需要理清我们的优先事项，用我们的同情心来重申人类的尊严。我们需要把精力集中在满足人类生活的基本需求上。食物、水、工作、医疗保健、住房、教育、自由——这些是很多人仍尚未获得满足的基本需求。在每个人都能获得富足的所需的东西之前，人类不会完全达至文明。

创造服务公众的产品和平台没有错，但我们如何做这些事情很重要。人们在恶劣的条件下工作，工作时间过长，劳动报酬不公平，这些都是我们需要离开的过去。人类真正成熟的一个标志是：要求并创造了一种系统，在这种系统中，极端贫困被降低到不存在的程度，在这种系统中，无论从事什么行业，人们都能获得良好的工作报酬。我们的世界需要基本的人道待遇，任何人都不应该被剥夺这种待遇。支持人的尊严应该成为人类新的当务之急。我们有资源；现在需要意志。竞争没有错，但人们不应该再延续一个有可能导致挨饿、无家可归和无人照料的系统。

人类创造的财富需要更加平均共享。这并不意味着人们将失去创造财富和获得经济成功的能力。但这确实意味着，那些拥有巨额财富的人有责任回报社会，以支持我们的集体提升。从极端的角度来看，当你使用缺乏爱的逻辑来解释为什么可以造成伤害，就是一个明确的迹象，它表明你所走的道路将以毁灭告终。我们需要的是平衡。需要从我们的意识形态中汲取最好的东西，找到一条中间道路，这条道路可以把人类带到一个新的自由水平。作为这次扩张的一部分，贫穷不应再成为人类奋斗故事的一部分。人们挣钱的速度应该能够支持他们的独立性和流动性。这并不意味着让每个人都富有。这意味着重新设计世界，使所有人的尊严得到支持。

结构性同情

将同情心从个人层面提升到群体和社会层面，是人类走向成熟必须克服的关键障碍之一。结构性同情是目前存在的结构性伤害的对立面，经常被社会忽视。我们需要共同努力，纠正这些社会弊病，平衡我们的政府、机构和企业与普通民众的互动方式，这是我们需要面对的挑战。我们的成熟不仅是通过我们如何对待自己来衡量的，我们如何对待他人也很重要。目前，利润是引导这个星球上的社会的主要力量之一，但我们的利润动机需要为提升人类尊严的努力所取代。“人优先于利益”是我们必须要实现的，这样我们才能以人类的繁荣为中心。

结构性同情是一种在重新设计世界过程中，要更好地体现爱，而不是贪婪的形式。结构性同情并不是一场革命，它是一种有意的能量重定向，这样更多的人就可以在没有如此激烈的物质斗争的情况下生活。结构性同情是一种建立更广泛的支持关系网的尝试，让人们获得他们需要的东西，并有更多的机会获得内在和外在的成功。当我们在世界上生活时，同情心将帮助我们在所在的组织中创造积极的转变。结构性同情不是一场斗争；它是一个长期的愿景，将通过巧妙与和平的手段加以实施。建设一个更富有同情心的世界对每个人都有好处，因为受伤的人越少，每个人就越安全，胜利、庆祝和喜悦也就越多。当你知道除了你自己之外，你的人类家庭也过得很好时，你会更容易感到平静和快乐。

结构性同情是我们共同的想法，必须定义它并实现它。

它以全人类的基本需求为指导。没有人会提出确切的方法来实现这一点，目前存在的理论或教义也不会主导结构性同情应该如何在全球舞台上发挥作用。但是，我们可以问自己几个明确的问题，看看我们是否在朝着正确的方向前进：

这种行为会减少伤害吗？

这个行动是让更多的人分享繁荣吗？

这种行为是否支持个人自由？

我们还能创造出什么样的社会结构来支持人类幸福？

自由是结构性同情的一个特别重要的组成部分。我们需要平衡这样一个现实，即人类毫无疑问是相互联系的，我们的存在本质上是集体的。我们不仅彼此需要，我们就是彼此——没有彼此，我们就无法成功。我们不能再选择忽视人类的集体本性，也不能忽视我们的所作所为会影响他人的事实。人类对地球健康及其长期生存能力施加的压力，已经最清楚地证明了这一点。我们的自由与集体本性息息相关，如果不能妥善照顾整体，个人就无法茁壮成长。如果忽视了许多人的苦难，苦难就会越来越接近我们，直到我们也被它毁灭。如果我们真的想要自由，就需要看到人类是一个大家庭。如果我们照顾好自己的家庭，那么我们的幸福和安逸就能达到新的高峰。

我们需要小心，不要把人类作为一个集体的想法推向极端。我们不能过于关注集体，以至于导致个体消失。如果人们不能做自己——如果他们不能随心所欲地创造，不能在他们选择的领域工作，不能从他们的创造中受益，不能有流动的自由——那么社会就失败了。我们都需要支付我们的公平份额，这样才能为更大的利益提供资金，我们需要共同的社会目标，帮助满足大多数人的需求。如果我们不能塑造自己的生活，那么我们就不再自由。

我们从历史上可以看到：一方面，个人的自由被提得太多了，而受苦受难的广大人民被忽视了；另一方面，集体有时成为唯一的焦点，个人权利开始消失。我们需要在两者之间找到平衡，才能够建立一个稳定和繁荣的社会。人们的处境千差万别，我们需要个人自由，也需要安全网。我们需要将自己的同情心扩展到全世界。这对我们认同那些素未谋面但有很多共同之处的人有帮助。要应对 21 世纪的巨大挑战，我们唯一真正的选择，是充分认识到人类是同舟共济的，并根据这一事实采取行动。

当我们能够更轻松地探求自己的人性时，与其他人的内在联系就会变得明显。我们看到别人，知道他们的故事与我们自己的故事相距不远；我们都在内心挣扎；我们都会感到悲伤、恐惧、快乐、焦虑，以及人类情绪谱系上的每一种情绪。我们看到别人，知道生活从来都不容易，我们都从过去背负了沉重的东西。

一个认真对待自己疗愈的人，会成为同情心的代理人。这并不意味着帮助治愈世界成了你唯一的目标。但这确实意味着你愿意帮助减轻世界上的痛苦。这对每个人来说都是不同的。

我们每个人都有独特的能力和责任，但对许多人来说，还有空间去付出更多，甚至加入一个试图让世界变得更好的团体或活动。就像小小的善举会产生影响一样，我们在更大的项目上投入少量的时间也会带来直接的改变。

伤害他人会直接扰乱你内心的平静。当你知道自己可以帮助别人但没有做时，也会让人深感不安。在我们内心深处，看到别人挣扎是痛苦的。爱有这种不可思议的自我扩张的能力。它激励我们创造更多的爱，为我们所处的环境带来和谐，并在我们所能的地方传播平衡。爱并不要求我们成为永无止境的十字军战士——它只是要求我们以与自己的才能和途径相匹配的方式提供帮助。把帮助别人作为你的使命并没有错，但不要用它来逃避你内心发生的任何事情，因为这样即使你做得很好，也可能被自我或旧的痛苦吸收。我们的内心工作必须与我们在世界上的外部工作同步；否则，我们可能会遭遇撞到倦怠之墙的风险。

人类在 21 世纪面临的艰巨挑战有：消除种族主义和父权制，结束各种形式的战争，减少气候变化的危害，解决全球收入差距问题，帮助陷入全球贫困泥潭的人们摆脱困境。幸运的是，与此同时，人类历史上最大的疗愈活动正在发生。疗愈的人群将继续扩大，并在全球舞台上占据一席之地。因为我们能更多地获得人类心灵的力量和新的集体能量，以及从我们真正的人性中涌现出来的丰富的创造力，人类将能够突破曾经认为可能的界限，为世界带来新的平衡。我们面临的挑战是巨大的，但在你被诸如“我们如何才能解决所有这些问题？”等问题困扰时，先审视内心，治愈你的心灵。从一个被治愈的心灵的轻盈中，会涌现出勇气和创造力的源泉，帮助你以新的方式看待旧的问题。我们正处于一个振兴时代的开端，在那里，人类正与一种提升形式的创造力联系在一起。疗愈自己是我们一直在等待的一个重大决定——不仅是对于我们的个人生活，也是对于整个世界。

这似乎违反直觉，因为我们倾向于向外寻找外部问题的解决方案，而我们最深层的潜力无法被激活，除非我们撤销所携带的模式，并在思想中打开空间，这样我们就能更优雅地带着清晰的存在进入任何时刻。唯有疗愈才能使未来持久的全球和平成为现实。内心深处的悲伤，一直暗自成为我们建设一个更美好世界的最大障碍。即使我们希望保持平衡，但在我们解除自身负担之前，它也会造成混乱。但是，我们不需要等到痊愈后再去处理我们所面临的巨大的外部问题，外在工作和内在工作必须同时进行。

反思

结构性同情对你来说意味着什么？

你希望通过什么方式看到世界变得更富有同情心？

你和新闻周期有什么关系？

你能够保持接触这个世界上正在发生的事，而不压垮自己吗？

你可以用什么方法把你的同情心转化为行动？

是否有你特别关注的活动或问题？

是否有一个组织在研究这个问题，你可能随时保持关注和支持？

你如何将同情心带入你的日常生活？

在你的朋友圈里？家庭里？

还是在你生活中遇到的人中？

如果你是负责人，你会采取什么行动来改变当前世界的运作方式？

如果爱是主导者，它又会如何重新设计这个世界？

你在社会上看到了什么问题？

哪一个在直接影响你？

你在哪些方面参与了解决方案的制订和实施？

在哪些方面成了问题的一部分？

你的自我是否试图建立等级制度，即使你也不想这样做？

从你的疗愈之旅中获得的工具，是如何帮助你重拾同情心的？

是什么让你希望我们的世界在未来能够更人道？

第十一章 新时代

如果你想唤醒全人类，

那就唤醒你自己。

如果你想消除世界上的苦难，

那么就消除你内心所有黑暗和消极的东西。

真的，你能给的最好的礼物，

就是你自己的自我转变。

——老子

我的生活中没有什么是完美的，但我不能否认，与我的个人疗愈之旅开始之前相比，如今我的思维方式发生了明显的变化。我仍然有情绪低落、内心挣扎、充满紧张感的时候。但与此同时，我也能更无私地、更站在别人的角度看问题。曾经怀着同情思考过去对我来说是完全陌生的，因为我太以自我为中心了，但现在我可以更容易地转向以心为中心的方法。自我仍然在那里，但无我的真理也舒服地坐在它旁边。平静不再是不可能的了——它是我每天冥想时都在建立的东西。我想大多数人都是这样的：通往美好生活的道路，是一条循序渐进的道路，有时我们会觉得自己就站在过去的自己和将来的自己之间。我们不一定会变得开明，但我们会变得更轻盈。只要向前迈出足够多的一步，过去就会从我们生活中沉重的一部分变成古老的记忆，提醒我们已经克服了多少困难。就我个人而言，对我来说最重要的是我在前进。即使这些步骤在某些时候很小，但它们仍然很重要。

如果没有这段疗愈之旅，容·普韦布洛永远不会存在，我也肯定不可能接触全球数百万人。我发现有趣的是，容·普韦布洛的成长与我个人的成长同步。这一切都在慢慢增长，直到我开始每天冥想，而当我停止服用所有麻醉药时，又有了另一个提升。在我完成了第一个 20 天的课程后，终于能够有足够的精力，来稳定地完成我出版第一本书所需要的事情。在我开始做 30 天的课程后，事情真的开始迅速发展，我的照片墙账户的影响力呈指数级增长。我必须说清楚：我冥想不是为了成为作家或获得名声。我冥想是为了通过释放自己的渴望，在解脱的道路上迈出一步，但我不能否认，冥想有助于塑造我的写作，带给我创造力的提升。我认为如果没有坚持冥想，你和我就不会有这样的互动。如果不让自己经历内心的旅程，我就永远无法获得内在的创造力。

我在许多不同的城市演讲，与许多鼓舞人心的人互动，我知道疗愈之旅正在变得非常普遍。越来越多的人加入，找到了他们自己的方式，因为他们也知道，是时候进行深层的内在工作了。无数的人正在经历着我正在经历的相同的过程。他们的疗愈是唤醒他们的力量，他们用它来造福自己和他人。真正的人类天性正通过人们的心灵和思想，上升到社会的最前沿。我从那些通过无私的爱来培养思考和行动能力的人们身上，看到了未来的希望。

优先性

一个人的和谐不能单独做到这一点，但许多人的和谐将引起不可否认的积极变化的浪潮。不要只你一个人为改变世界而耗尽自己的精力。无论你多么努力，都无法独自改变世界。没有一个人可以为其他人解决一切问题。为我们的世界带来平衡需要集体的努力。

你能为我们做的最好的事就是疗愈你自己。这是最重要的。请记住，你不需要完全被疗愈才能为世界服务。你可以走上内心的旅程，同时也可以成为改变的催化剂。当你向内在移动时，自爱将为所有存在打开爱的大门，那种爱将会是积极的。你将能够以一种非常适合自己的方式采取行动，发挥你的优势，与你的天赋和能力相一致。

专注于改变自己才是一切。当你的头脑变得更平静、更清醒、不那么紧张、得到更好的休息和滋养时，你的行动就会变得更灵巧，强大的创造力就会从你的幸福中涌现出来。生活有时会变得动荡不安，但即使事情变得混乱，也不要放弃疗愈。你面对世事的变迁所需要的智慧，将来自你的成长的源泉。坚持你的疗愈之旅，会让你走在正确的轨道上。提升你自己，解决你心中的混乱将直接提升其他人。相信这个简单的事实，如果你的心灵变得不那么紧张，就能减少通过你进入这个世界的伤害。当你增加你的平静，世界便会变得更平静一些。

让自己成为疗愈的一种媒介，会让你在人性的网络中不再成为一个潜在的伤害点，这是一个不小的壮举。这是你能为我们所有人做的极好的事情之一。用爱填满你的内心，学会温柔地存在于世界中，从而消除你自己造成伤害的潜力，这是一个非常值得尊敬的行为。坚定地承诺不去伤害他人，会给你的心灵带来巨大的稳定。

认真对待疗愈，你将能够想象一个更美好的世界。当你真的对这个世界产生了新的爱，让自己有远大的梦想并付诸行动。现在绝对不是玩小把戏的时候——那样的时代结束了。对于我们集体无知所造成的问题，我们需要勇敢的答案。人类正站在十字路口，我们可以继续目光短浅地思考和充满分歧，也可以播下团结的种子，开始看到我们的命运深深地交织在一起。我们知道自己有能力成就伟大的事业，因为我们创造了一个充满奇迹的世界，但现在我们必须把同情心作为社会的基础，让所有人都能享受到个人和集体天赋的成果。

勇气

会有很多人怀疑新的伟大事物是否可能出现。有些人甚至怀疑内心的改变是否可能，当然也会有人认为改善世界是不现实的。有些人会紧紧抓住自己的创伤，让过去未被承认的痛苦主宰他们对未来的看法。

面对这种怀疑，要相信，保持一切不变其实才是不现实的。作为疗愈的一代，我们的任务是继续扩大对天性的接触，不要让那些充满怀疑的消极情绪阻止我们成长。我们必须下定决心，向自己宣告，无论如何，都将朝着疗愈自己的方向前进，尽自己的一份力量来帮助世界疗愈，即使有些人想要阻挡我们。这是一列开往更美好的未来的火车。如果人们愿意，可以加入我们；如果没有人愿意，我们也将通过健康的方法继续工作。

这是很大一部分人决定成长的时刻。我们需要为自己在有意识或无意识下创造的不平等和不可持续的社会设计承担责任。这并不全是我们的错；人们从过去几代人那里继承了这个世界和大部分结构。但就像我们精神上的痛苦不全是我们的错一样，我们仍有责任接受它并疗愈它。说实话，我们别无选择，只能接受这个挑战。每个人都在疗愈自己的旧创伤，学习超越过去的生活，这是解决方案的一部分。我们不能期望任何人的完美，但是对内心工作的承诺会说明一切。从中会出现一个新的、情感上更成熟的人，一个对自己的发展持开放态度的人，一个对自己和世界都有着更广泛的同情的人。那些不再为自己的盲目反应所控制的人将成为英雄。

爱的方法很重要

当如此多的东西失去平衡，许多人在受苦时，我们的思想就很容易陷入厌恶的循环中。我们可能会开始认为，解决问题的唯一方法，是对那些我们可能视为敌人的人造成战略性的伤害，但暴力不能结束伤害。如果我们依赖暴力，就只会导致更多人受伤，以后他们会寻求更多的暴力作为报复的一种形式。这是人类无数次跌入的陷阱。我们把自己从历史暴力的泥潭中拉出来的主要工具是爱、原谅和理解。我们需要全然接受这样一个事实：更多的暴力解决不了任何问题。它使我们的思想不稳定，使我们总是回头看，担心有人会像我们攻击他们那样攻击我们。

在这个世界上，
仇恨永远不能消除仇恨。
只有慈悲才能化解仇恨。
这是永恒的真理，
古老而取之不尽。

——节选自《法句经》

如果我们想要建立一个更美好的世界，那么必须通过爱才能实现。爱是宇宙中最坚固的建筑材料，无条件的爱不把任何人视为敌人。人们害怕爱，因为他们认为爱意味着你不得不让别人伤害你。这与事实相去甚远。爱是灵巧的；它支持我们保护自己，也帮助我们保护他人。是的，我们不可能总是和睦相处，有时我们需要重新组织自己，以确保所有人都能享受到人类的繁荣，但这并不可怕。每一代人都必须做出自己的改变，以继续提高人类的尊严和我们的集体生活质量。爱是开放的，它拥抱变化。它具有灵活性，所以所有人都能享受它的成果。我们并不是在努力建设一个永远完美的乌托邦——那是不可能的。我们只是在努力创造一个越来越少人受到伤害的世界。爱的目的是提醒我们人类是一个大家庭。

爱培养个人的基本品质，我们必须努力在社会结构中实现这些品质。爱让人充满力量；它支持自由，鼓励我们寻求相互理解。爱不支持等级制度；它平等地对待所有人的价值，并寻求滋养。爱是不寻求伤害；它总是致力于超越分裂和恐惧。

我们面前有两个伟大的目标：一个是作为个人开始疗愈之旅，另一个是作为团体一起帮助设计一个更美好的世界，反映爱的品质。开始疗愈之旅是最困难的部分，但继续下去显得稍微不那么困难，因为能看到，我们对成长的投资产生了明显的成果。如果继续在这条道路上走下去，我们的生活将从发展内在和谐中受益更多。第二个目标实现起来是艰巨的，因为还没有清晰的路径通往建设一个更美好的世界。我们减少全球痛苦的使命是明确的，但我们如何实现这一目标，必须通过拥有相同愿景和价值观的人们的自愿行动来引导，这些人明白疗愈个人与疗愈世界之间毫无疑问是相关联的。最终，未来将由那些足够大胆的人来设计，他们开始模拟我们想要生活的世界，而无须等待许可。

虽然还没有一条路可以建设一个更美好的世界，但这里有一些指路明灯，可以帮助我们看清方向：

无私地倾听彼此。每个人都有自己的视角。我们需要有意识地设身处地为对方着想。

坚持我们的价值观。如果我们所做的及我们所参与的事，开始与获得力量、爱和减少伤害的目标渐行渐远，那么就走错了方向。坚持我们的价值观能帮助我们在遇到困难时避免困惑。当我们深深信奉这些价值观时，直觉会帮助我们保持走在正轨上。

尊重我们的观点和想法，而不是永远依附于它们。我们需要为细微差别留出空间，并为更好的想法留有谦逊的态度。谦逊会帮助我们对抗自我控制的冲动。自我经常试图说服我们，让我们认为自己的观点比其他人的更正确。当大脑感到优越时，意味着自我获胜了。当心灵停留在谦卑之中时，意味着它对积极的扩张是开放的。当我们开始建设未来时，一切都将视情况而定，但我们的直觉和价值观会让我们知道，是否在尽自己的一份力量来帮助个人和世界。

我们永远不应该让自己对彼此失去人性。在历史上，通常在一个群体遭受重大伤害之前——或者在伤害本身发生时——就会发起一些运动，将受压迫的群体非人化，这样人们就可以为他们所犯下的任何伤害辩护。这是人类历史上的一种模式，我们绝不能复刻。自我太容易陷入这样的陷阱，认为一些人不如另一些人，不管我们之间的差异有多么微不足道。坚持疗愈实践，将使我们免于陷入这个潜在而狡猾的自我陷阱。

扩大认同感并允许它有灵活性——延伸到整个世界，这样我们就能把自己视为人类大家庭不可分割的一部分——将帮助我们摆脱分裂。我们应该继续尊重我们的家庭、我们的历史、我们的民族，以及对我们的身份至关重要的所有方面。但除此之外，我们应该补充一点，我们是人类。我们被动地知道这一点，但这并不是我们完全关心的东西。认识到人们无论来自哪个国家都是我们的兄弟姐妹，这将帮助我们在困难时期彼此更有耐心，支持我们不走向有害的极端。我们不需要抹掉自己的身份来把自己视为一个整体，但确实需要以同步的方式共同努力。如果我们以合作而不是竞争为指导，将能够重新设计世界，使其变得更加自由且良性循环。通过这种方式，更多的人可以共享资源和决策权。

我们害怕改变，因为我们很容易依附于我们所知道的东西，即使这些知识让人很不舒服，是让我们感到不满的事物。我们知道的事情会以一种潜移默化的方式带给我们安慰，即使我们厌恶它们。对未知的恐惧总是阻止伟大事情的发生。即使确有改善的可能，恐惧也会成为一种阻止任何向前移动的障碍物。是的，风险是存在的——每次行动都有风险。从来没有百分之百的确定，但是如果我们让恐惧束缚了想法和行为，我们真的在生活吗？问问你自己：如果你脑海中的想法没有给你带来真正的幸福，它们还值得保留吗？如果你的世界观让你感到紧张，那么是时候采取一种更有希望的立场，来对好事的发生持开放态度。

人类和世界都在祈求变化，从内到外的改变。这难道不是预示着是时候做点新事情了吗？我们中那些经历过谷底的人都知道什么是谷底，但我们真的没有选择等待世界和人类集体跌入谷底——那将是灾难性的。相反，我们需要对目前的情况负责，并以我们日益成熟的态度来领导。

最后，必须记住，我们只是需要彼此繁荣。我们必须以凝聚力和团结的心态来共同行动。

结语

个人疗愈是可能的，我相信建立一个结构性的富有同情心的世界也是可能的。这两者有着牢不可破的联系，一切都从你开始。当你让你的心灵变得轻盈，世界也会变得轻盈。所以，找到对你有效的疗愈技巧——坚持下去，深入挖掘，花时间，一次又一次地放下，保持一致，如果别人不理解你在做什么，也不要担心。如果你的头脑变得不那么紧张，你的反应也在减少，那么你正在朝着正确的方向前进。你的路不会和别人的一样。当你怀疑自己时，请记住这一点，并勇敢地朝着能让你平静的方向前进。

当你在这个世界上行走的时候，请心存仁慈。你只知道你自己的故事；其他人的故事，尤其是你偶尔遇到的陌生人的故事，都将是一个谜。做更高层次的事情，善待他们。即使是对那些行为粗暴的人，仁慈也通常有一种使人消气的品质。你可以温柔地走过这个世界，而不是让别人击败你、伤害你。仁慈意味着用爱来领导。你会惊讶地发现，这些温柔待人的小而有益的举动会帮助你治愈创伤，让你获得内心的平静。如果你善待他人，你的头脑就会更容易平静，因为你很少会自责或后悔。你不可能在拥有内心的平静时，还故意伤害他人。如果我们想把和谐带入生活，就需要有意地在我们参与的互动中播种和谐。

尽你所能提供帮助，但不要过度。找到你非常关心的活动或问题，并给予一些关注。通常情况下，这看起来像是捐赠、倡导、为一个组织付出你的时间、表达你的信仰，创造一个新的解决方案，或者在外面游行。有很多方法可以提供帮助；你只需要找到一种方法来做你的那部分，而不压倒自己。你可以成为变化的一部分，而不必把自己搞得精疲力竭。

将影响外部变化的极大的内部变化之一，是仅仅知道事情将变得更好。如果我们以一套价值观为中心——比如，自我疗愈、慷慨、仁慈、自爱、平等和富有同情心的行动——这些价值观可以作为我们尽最大努力，为世界带来更多和谐的指路明灯。全心全意地相信大规模的同情心是可能的，这将鼓励更多人分担这一使命。最终，这将导致社会构成的变化。我们必须先相信它，然后才能建立它。没有一种方法可以成为变化的代理人。我们拥有非常不同的能力。你如何为建设更美好的未来而努力，这对你来说是独一无二的。我们不应该相互竞争，看谁更关心这个世界，谁做的工作最有影响力。我们应该在这个全球疗愈过程中相互支持。

不要让起起落落阻止你见证生活的美丽，分享生活的快乐。对于你的个人生活和世界来说，接下来的几年将是重要的。你们踏上的这段旅程并不轻松。疗愈是英雄的领域，我们遇到的每一个艰难的情况，都不一定会以胜利告终。其间会有挫折、眼泪和心痛，但也会有改变生活的启示、新的自由和巨大的进步。你和世界一定会改变。明确你的意图，以确保朝着更和谐的方向发展。专注于你的疗愈，其他一切都会由此而来。你从内心发现的光芒会告诉你什么是重要的，你需要去哪里。相信你改变自己的能力，相信人类大家庭的潜力。我们知道我们可以改变世界，不仅仅是因为我们可以改变自己，而是因为改变就是一切。你的疗愈将开启一个通往更美好未来的大门。自由的人们生活在一个充满关怀的舒适社会中——一旦我们到达那里，人类将不再不成熟，我们终将成熟。

我致力于内心之旅

并致力于表达我的观点和我所有的线索

在人类的网络中

充满了自我意识

充满了同情心

通过稳定的练习

我会耐心卸下我所承受的紧张和负担

我放下的越多

伤害就会越小

感觉更轻松、更快乐

我与我遇到的人分享我的和谐

反思

你将如何继续让你的疗愈作为首要任务？

你决心要踏上疗愈心灵的漫长旅程了吗？

这样你就可以过上更好的生活，并成为这个世界所需要的积极改变的有用的人吗？

你的社会圈子现在是什么样子？

你的朋友圈中，有相互支持个人疗愈的空间吗？

你是在激励自己成为最好版本的自己吗？

你将如何在不耗尽自己，或让自己失衡的情况下，为建设一个更美好的世界做出贡献？

你是否找到了既能帮助他人，又不伤害自己的中间道路？

你知道自己真正拥有多大的力量吗？

在回收力量方面，你还有进一步的工作要做吗？

你现在和疗愈之旅开始时有什么不同吗？

你有没有花时间去欣赏自己已经走了多远？

在你的生活中，还有空间庆祝内心的胜利吗？

把爱给所有人

《走出焦虑》

ISBN：978-7-5169-2704-5
定 价：69.00 元

若你正经历焦虑，或者受到焦虑相关症状的困扰，它将为提供温暖的、充满希望的鼓励与帮助。

《幸福的种子》

ISBN：978-7-8076-8441-1
定 价：79.00 元

在探索自我的过程中找到幸福的源头，每个追求自我认知和幸福的人必读。
中国积极心理学发起人 彭凯平 最新力作！

《王子疗愈手记》

ISBN：978-7-8076-8451-0
定 价：69.00 元

父母送给孩子的心灵礼物，让每个孩子好心情。1 个好故事胜过 10000 条道理。

《真正的幸福》
（近期出版）

亚马逊畅销书，冥想领域里程碑式巨作，引领你进入冥想体验之门！